수학으로
이루어진
세상

Life by the Numbers

Copyright© 1998 by John Wiley & Sons, Inc.
All rights reserved. Authorized translation from the English language edition
published by John Wiley & Sons, Inc.

Korean Translation Copyright© 2003 by ECO-LIVRES Publishing Company
Korean translation rights published by arrangement with
John Wiley & Sons, Inc.
through Eric Yang Agency, Seoul.

이 책의 한국어판 저작권은 에릭양 에이전시를 통해 John Wiley & Sons, Inc. 사와 독점 계약한 에코리브르에 있습니다. 저작권법에 의해 한국 내에서 보호받는 저작물이므로 무단 전재와 복제를 금합니다.

이 책에 사용한 Pablo Picasso의 작품은 SACK를 통해 Succession Picasso와 저작권 계약을 맺은 것입니다. 저작권법에 의해 한국 내에서 보호를 받는 저작물이므로 무단 전재와 복제를 금합니다.
그 외 몇몇 자료는 저작권자를 찾을 수 없어 계약을 맺지 못했습니다. 연락을 주시면 절차에 따라 저작권 계약을 맺고 저작권료를 지불하겠습니다.

수학으로 이루어진 세상

초판 1쇄 발행일 2003년 11월 10일 초판 7쇄 발행일 2009년 12월 15일

지은이 키스 데블린 | **옮긴이** 석기용
펴낸이 박재환 | **편집** 유은재 이지혜 이정아 | **관리** 조영란 | **디자인 디렉팅** 오필민 | **본문 디자인** 플럭스
종이 대림지업 | **인쇄** 상지사 진주문화사 | **제본** 상지사
펴낸곳 에코리브르 | **주소** 서울시 마포구 서교동 468-15 3층(121-842) | **전화** 702-2530 | **팩스** 702-2532
이메일 ecolivre@korea.com | **출판등록** 2001년 5월 7일 제10-2147호

ISBN 89-90048-23-0 03410   책값은 뒤표지에 있습니다.   잘못된 책은 구입하신 서점에서 바꿔드립니다.

세상을 보는 글들 23

수학으로 이루어진 세상

키스 데블린 지음 · 석기용 옮김

에코
리브르

차례

머리말 · 7

01 눈에 보이지 않는 우주   10

표범의 얼룩무늬는 어떻게 생겨났을까 · 13
피겨 스케이팅 선수는 어떻게 트리플 액셀을 연기할 수 있을까 · 15
우주는 어떻게 시작되었을까 · 16
해저는 평평한가 · 19
어떻게 바이러스를 식별하는가 · 21
그것은 단지 숫자가 아니다 · 24
성공의 기호들 · 28

02 백문이 불여일견   32

오래된 원근법 · 39
화랑 안의 수학 · 44
4차원 세계에 울려퍼지는 수학 교향곡 · 49
또 다른 관점 · 54
원근법을 넘어서 · 59

03 자연의 패턴   64

크고 작은 모든 생명체 · 68

표범의 얼룩무늬는 어떻게 생겨났을까 · 74

매듭으로 바이러스와 싸우다 · 81

꽃의 기하학 · 87

컴퓨터 안의 정글 · 95

04 숫자 게임   102

공중에 뜬 공들 · 105

비행의 비밀 · 105

임팩트의 기술 · 111

수학으로 더 빨리 항해한다 · 115

회전 아니면 도약? · 122

시스템을 가동하다 · 125

마음속에서 · 130

05 세계의 모양   138

A에서 B로 가느냐 혹은 세계를 먹여살리느냐 · 143

위에서 바라본 관점 · 147

산 사나이 · 152

바다 밑 · 154

우주는 구부러져 있나 · 157

마음의 우주 · 164

06 인생의 기회들 — 170

승률 계산하기 · 175
확률이 정말로 중요할 때 · 180
면역될까 혹은 면역되지 않을까 · 183
카오스 속에서의 질서 · 186
수학을 통한 마음의 평화 · 191

07 새로운 시대 — 202

기계의 영혼 · 209
좁아지는 세계 · 214
데이터 광부 · 218
미국의 맥박 · 220
변화를 향해 나아가다 · 223

08 수학의 시대가 오다 — 230

더 참고할 만한 책 · 236
옮긴이의 말 · 238

머리말

PBS에서 방영한 같은 제목의 TV 시리즈를 중심으로 엮은 이 책은 우리 일상생활에서 수학이 차지하는 역할에 대한 내용을 담고 있다.

이 책은 흔히 얘기하는 그런 '수학책'이 아니다. 애초에 수학 문제 풀기 요령을 가르쳐주려는 목적으로 집필한 책이 아니라는 뜻이다. 그렇기 때문에 독자들은 이 책을 통해 그런 의미의 '수학'에 대해서는 많은 것을 배울 수 없을 것이며, 책의 어디를 들추어보아도 수학 공식이나 복잡한 연습 문제를 발견하지 못할 것이다.

그 대신 수학이 전에 생각했던 것과는 전혀 다르다는 사실을 알게 될 것이다. 그리고 수학이, 보통은 자신의 모습을 살짝 감춘 채로, 우리 일상생활의 거의 모든 측면에서 매우 중요한 역할을 수행하고 있다는 사실을 확실히 깨닫게 될 것이다.

만일 누군가 수학이란 우리의 일상과 무관하다고 생각한다면, 이 책이야말로 그런 사람을 위한 책이다.

만일 누군가 수학이란 단지 숫자에 대한 학문이라고 생각한다면, 이 책이야말로 그런 사람을 위한 책이다.

만일 누군가 수학이란 이미 몇 세기 전에 다 끝난 얘기라고 생각한다면, 이 책이야말로 그런 사람을 위한 책이다.

만일 누군가 이 책과 같은 제목의 TV 시리즈를 재미있게 보았다면, 이 책이야말로 그런 사람을 위한 책이다. 그렇지만 그는 TV 시리즈가 보여줄 수 있는 것 이상의 내용을 이 책에서 발견하게 될 것이다.

만일 누군가 그 TV 시리즈를 보지 못했다면, 이 책이야말로 그런 사람을 위한 책이다. 비록 그 시리즈를 중심으로 엮었지만, 따로 읽어도 아무런 문제가 없다.

만일 누군가 우리의 일상생활에 호기심을 갖고 있다면, 이를테면 스포츠, 오락, 미술, 음악, 도박, 여러 종류의 직업, 컴퓨터, 동물의 세계, 바닷속 탐험, 사랑과 결혼 등, 그러니까 간단히 말해 태양 아래 우리 세상에서 벌어지고 있는 모든 일과, 거기에 태양 너머에서 벌어지는 모든 일까지 모두 궁금하다면, 이 책이야말로 그런 사람을 위한 책이다.

TV 시리즈의 자문역이었던 나는, 일반적으로 그런 시리즈물의 자문을 맡은 사람들이 대개 그렇듯, TV로 방영된 내용 중 아주 일부에 조금 힘을 보탰을 뿐이다. 따라서 이 시리즈를 탄생시킨 최고의 수훈은 마땅히 연출자에게 돌아가야 한다. 데이빗 엘리스코(David Elisco), 조 시먼스(Joe Seamans), 지나 칸타자라이트(Gina Cantazarite), 매리 로슨(Mary Rawson), 그리고 랜디 퀸(Randy Quinn)이 바로 그들이다. 그들은 생경한 주제를 발굴하고, 학술적인 연구를 수행하고, 효율적인 촬영 스케줄을 계획하고, 장시간의 인터뷰 장면을 끈기 있게 녹화하는 등 대부분의 어려운 작업을 매우 훌륭하게 완수해낸 사람들이다. 또 프로그램의 미공개 녹화 자료와 편집하지 않은 인터뷰 자료 사본을 내게 전부 제공해줌으로써 이 책의 작업을 훨씬 쉽게 만들어주었다. 그들의 도움이 없었다면 얘기는 또 달랐을 것이다.

그 TV 시리즈를 한 편이라도 본 적이 있는 사람이라면 잘 알겠지만, 연출자들은 각계각층에서 선정한 깜짝 놀랄 만한 출연진을 TV 화면 속에 불러내는 경이로운 작업을 해냈다. 나는 그들이 건네준 녹화 테이프와 인터뷰 내용을 검토한 뒤, 출연자들이 자기 얘기와 수학에 관한 얘기를 독자들에게 직접 털어놓는 방식으로 이 책을 꾸며보겠다고 결심했다.

물론, 책과 TV는 다른 매체다. 그렇기 때문에 이 책도 TV 시리즈와는 여러 측면에서 다르다. 우선 나는 사람들이 이 책을 그 시리즈의 부록으로 활용하거나 또는 그 반대로 활용할 수 있게끔 각 단원을 시리즈의 각 에피소드와 대응하도록 맞추었다. 또한 연출자들이 시리즈의 각 에피소드에 붙인 제목을 그대로 이 책의 단원명으로 사용했다. 하지만 본격적인 공연이 펼쳐질 무대를 준비한다는 의미에서 책의 맨 앞에 별도의 머리말을 두었고, 맨 끝에는 결론을 대신할 짧은 단원을 보탰다. 그리고 책이라는 형식에 좀더 걸맞게끔 적절한 연속성을 염두에 두고 TV 시리즈의 방영 순서와는 약간 다르게 각 단원을 재배치했다. 또 책이라는 매체의 특성상 여러 가지 서로 다른 주제들로부터 한층 더 포괄적인 논의거리와 연관성을 끄집어낼 수 있었다. 이 점은 TV로 보여주는 데는 한계가 있던 측면이었다. 그러나 이 모든 차이에도 불구하고, 이 책은 여전히 '그 시리즈의 책'이다.

그 TV 시리즈의 자문역을 맡고 있는 동안, 나는 존 윌리 앤드 선스 출판사에서 출판할 나의 책 《데카르트여, 안녕(Goodbye, Descartes)》의 집필을 완성해가고 있었다. 그 책을 담당한 편집자, 에밀리 루스(Emily Loose)는 그 TV 시리즈에 보조를 맞춘 새로운 책을 함께 만들어보자며 내내 성화를 부렸다. 에밀리와 함께 일하면서 매우 즐거운 경험을 했던 나 역시 〈수학으로 이루어진 세상(Life by the Numbers)〉의 출판 계약권을 따내기 위해 그녀 못지않은 노력을 기울였다. 결국 우리는 다시 함께 일하게 되었다. 나는 그녀와의 작업이 멋지게 성공한 것을 기쁘게 생각한다. 이런 기쁨이 이 책의 구석구석에 환한 빛을 던져주었으면 좋겠다.

캘리포니아 모가라에서
키스 데블린

눈에 보이지 않는 우주

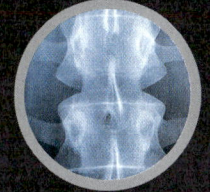

표범의 얼룩무늬는 어떻게 생겨났을까
피겨 스케이팅 선수는 어떻게 트리플 액셀을 연기할 수 있을까
우주는 어떻게 시작되었을까
해저는 평평한가
어떻게 바이러스를 식별하는가
그것은 단지 숫자가 아니다
성공의 기호들

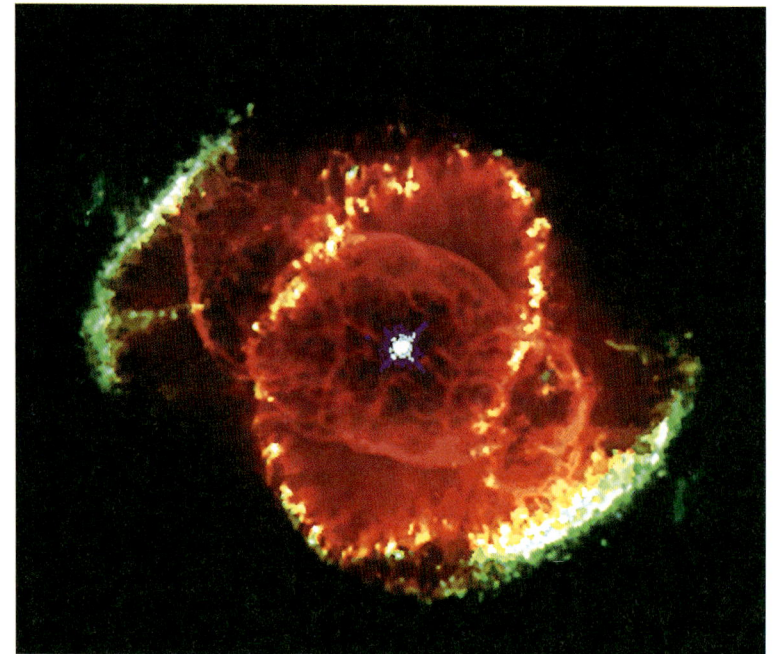

:: 수학의 패턴은 가장 작은 입자에서부터, 초신성의 폭발로 생겨난 대칭적인 모양의 고리처럼 가장 먼 우주의 영역에서 벌어지는 사건에 이르기까지 우리를 둘러싼 모든 것에서 발견된다.

많은 사람들은 '수학'이라는 말만 들어도 예전에 학교에서 배웠던 복잡한 규칙과 무미건조한 계산 연습의 기억을 떠올리며 괴로워할 것이다. 그러나 진실을 말하자면, 해저 탐험가에서부터 특수 효과 발명가에 이르기까지, 놀랄 만큼 넓은 영역의 사람들이 일상에서 사용하고 있는 수학은 창조적이며, 재미있고, 생동감이 넘친다. 그리고 무엇보다 그런 의미에서의 수학은 바로 우리의 삶과 직결된다.

학교에서 배우는 규칙과 과정은, 실은 '진짜' 수학을 하는 데 필요한 도구에 불과하다. 수학은, '진짜' 수학은 우리 자신과 우리가 살고 있는 세계를 이해하려는 노력에 관한 학문이다. 수학자들이 영감을 얻는 원천은 깜짝 놀랄 정도로 그 범위가 넓다. 그들은 우주의 기원, 스포츠, 심지어 어린아이들의 이야기 속에서도 새로운 아이디어를 떠올린다. 그들은 수학을 이용해 해양의 저 깊은 곳에서부터 별의 내부 구조에 이르기까지 우리가 눈으로 볼 수 없는 것들을 탐구한다. 그들은 치명적인 바이러스를 물리칠 수 있는 방법을 개발한다. 그들은 우리에게 인간의 마음속을 들여다볼 수 있게 해준다. 그리고 수학을 이용해 우리의 세계와 우주의 지도를 그려내고, 나무와 꽃들이 자라나는 이치를 이해할 수 있게 도와주며, 오락과 탐험의 새로운 세계를 창조해낸다.

그리고 때로 단조롭고 지루하기까지 한 수학의 기계적인 측면을 다룬 책이 아니라 수학의 힘으로 해낼 수 있는 흥미로운 인간사에 관한 책이다. 이 책은 우리가 살면서 그저 당연한 것으로 받아들이지만, 사실 수학이 없었다면 결코 존재하지 않았을 그런 것들에 관한 책이다. 이 책은 우리의 삶에 관한 책이다. 또한 어린아이나 물어볼 법한 매우 단순해 보이는 질문들을 놓고 그 답을 찾아보려는 진지한 노력에 관한 책이다.

> 숲 속을 걷고 있을 때였습니다. 나는 양치류나 나무의 껍질을 보고 궁금해 하지 않을 수 없었지요. 그런 모양이 도대체 어떻게 생긴 것일까? 왜 그렇게 생겼을까?
>
> 제임스 머레이 | 수학자 |

표범의 얼룩무늬는 어떻게 생겨났을까

이제부터 전개하려는 제임스 머레이(James Murray)의 모든 얘기는 1960년대의 어느 날에서 시작된다. 그날 밤 머레이는 딸의 침대 머리맡에 앉아 이야기책을 읽어주고 있었다. 그 이야기의 제목은 루드야드 키플링

:: 아래 표범의 등에도 '다섯 손가락' 자국이 선명하게 찍혀 있다.

(Rudyard Kipling)의 '표범의 얼룩무늬는 어떻게 생겨났을까'였다. 그 이야기에 따르면 사연은 이렇다. 옛날 옛적에 한 에티오피아 원주민이 다섯 손가락을 한데 모아 표범의 등 전체를 꾹꾹 눌러댔다. 그렇게 그의 다섯 손가락이 닿는 곳마다 다섯 개의 작은 점들이 한 송이씩 생겨났고, 그 점들의 아름다운 배열은 그 후로 영원히 표범 특유의 얼룩무늬가 되었다.

머레이의 어린 딸은 그 이야기를 무척 좋아했다. 그런데 그 아이는 정말로 사실이 어떤 것인지 알고 싶어졌다. "표범의 얼룩무늬는 진짜 어떻게 생겨난 거예요?" 답을 알지 못했던 머레이는 답을 꼭 알아오겠노라고 어린 딸과 약속했다. 영국 옥스퍼드 대학교의 수학자인 그는 최고의 생물학자 여럿을 알고 있었고, 그 중 아무에게나 물어보면 쉽게 답을 알 수 있으리라 생각했던 것이다.

그는 학교에서 생물학자들을 만나 물어보았다. 그렇지만 놀랍게도 그의 질문에 시원하게 답을 내놓는 사람이 아무도 없었다. 그가 만난 생물학자들은 동물 가죽의 알록달록한 천연색이 멜라닌이라는 화학물질 때문이며, 멜라닌은 피부 바로 밑에 있는 세포에서 생성된다는 사실을 알고 있었다. 살결이 흰 사람이 햇볕에 노출되었을 때 피부가 타서 갈색으로 변하는 것도 멜라닌 때문이다. 그렇지만 왜 얼룩무늬인가? 과학도 그 문제를 속 시원히 설명하지 못했다. 당시 머레이는 표범의 얼룩무늬가 어떻게 생겨난 것인지 알고 있는 사람이 정말로 아무도 없다는 사실을 깨달았다. 호랑이의 줄무늬는 어떻게 된 것인지, 또 얼룩말의 무늬는 왜 그렇게 생겼는지도 역시 마찬가지였다.

머레이는 호기심이 발동했고, 직접 답을 찾아보기로 결심했다. 그렇게 해서 그럴듯한 해답을 얻기까지 무려 20년의 세월이 흘렀다. 오늘날 그는 키플링의 머리맡 이야기를 수학의 언어로 각색해 한 편의 과학적인 이야기로 탈바꿈해놓았다.

피겨 스케이팅 선수는 어떻게 트리플 액셀을 연기할 수 있을까

셀비 라이온스와 데이먼 앨런은 꿈을 함께 이뤄가고 있는 젊은 피겨 스케이팅 선수이다. 두 사람의 꿈은 올림픽에서 금메달을 목에 거는 것이다. 캐시 케이시(Kathy Casey) 코치는 콜로라도 스프링스에 있는 올림픽 트레이닝 센터에서 그들과 함께 구슬땀을 흘리며 그 꿈을 이룰 수 있도록 최선을 다해 돕고 있다. 그 목표를 달성하기 위해 케이시는 인체를 구성하고 있는 200여 개의 뼈, 600여 개의 근육, 100여 개의 관절이 어떤 식으로 상호 작용하여 선수들의 몸이 중력을 이겨내고 공중에 떠올라 우아한 동작을 펼쳐 보이게 되는지 연구해야만 한다.

모니터 화면을 통해 케이시는 흠잡을 데가 거의 없는 데이먼의 완벽한 트리플 액셀(triple axel) 동작을 지켜보고 있다. 트리플 액셀은 공중에서 몸을 3회전하는 고난이도의 기술이다. 한때 무모하기 짝이 없는 동작으로 여겨졌던 트리플 액셀은 1980년대 초 동유럽 선수들이 처음 공식적인 국제대회에 선보이면서 지금에 이르렀다. 전체 동작에 걸리는 시간은 채 1초가 되지 않지만, 바로 그 1초가 메달을 따느냐 아니면 빈 손으로 고향에 돌아가느냐를 결정했다. 이제는 트리플 액셀을 완벽하게 소화해내지 못하는 피겨 스케이팅 선수는 대회 상위권 입상을 바라볼 수 없는 형편이 되었다. 케이시는 "트리플 액셀을 할 줄 모르면 한마디로

> 제 아무리 좋은 코치를 만나 제 아무리 훌륭한 의지를 갖고 연습한다 해도 그 목표가 엉터리라면 아무 소용이 없습니다. 수학적 분석은 어두컴컴한 방에서 불을 켜는 것과 같은 효과를 불러일으킵니다.
>
> 캐시 케이시 | 미국 올림픽 피겨 스케이팅 코치 |

:: 더블 액셀을 연기하고 있는 셀비 라이온스.

찬밥 신세가 되는 꼴이죠"라고 말한다.

트리플 액셀이 처음 국제무대에 등장했던 당시에는 미국에서 가장 뛰어나다는 선수조차 감히 메달권 진입을 꿈꿀 수 없었다. 곤경에 처한 케이시는 생물역학(biomechanics)이라는 새로운 과학에 눈을 돌렸다. 그녀는 과학자들에게 트리플 액셀을 분석해 그 기술을 선수들에게 어떻게 가르쳐야 할지 설명해달라고 요청했다. 케이시가 알고 싶었던 가장 근본적인 질문은 이것이다. 성공의 비결이 높은 점프에 있는가, 아니면 빠른 회전에 있는가, 혹은 그 두 가지 방법의 올바른 조화에 있는가?

수학자들이 케이시에게 원하는 정보를 제공하려면, 우선 전체 동작을 수학의 언어로 번역할 필요가 있었다. 수학자들에게는 정답을 찾는 작업이 순수한 과학의 문제겠지만, 미국의 입장에서는 국가의 자존심이 걸린 문제였다. 그리고 셸비와 데이먼 같은 피겨 스케이팅 선수에게는 금메달을 딸 수 있는 유일한 희망이 바로 그 문제의 해결에 달려 있었다.

케이시가 의뢰한 연구 덕분에 오늘날 미국의 피겨 스케이팅 선수들은 다시 한번 세계 일류 선수들과 당당히 겨룰 수 있게 되었다. 물론 그렇다고 천부적 재능, 탁월한 기술, 꾸준한 연습, 훌륭한 지도, 확고한 의지력이 필요없어진 것은 아니지만, 수학이 난관에 부딪혔을 때 올바른 해결 방향을 제시해준 것만은 분명했다.

우주는 어떻게 시작되었을까

수학은 동물의 얼룩무늬와 피겨 스케이팅 기술에 담겨 있는 비밀을 풀어내는 데 도움을 주었다. 또한 우리는 수학을 통해 우주의 기원을 거슬러 올라가볼 수 있다. 수학이 우주 생성의 비밀을 들여다볼 수 있게 해주는 셈이다.

일리노이 주 샘페인에 'CAVE(CAVE Automatic Visualization Environment)'라는 이상한 방이 있다. 예술가 도나 콕스(Donna Cox)는 창문이 없는 그 작은 방에서 우주 탄생의 신비를 경험하고 있다. 그녀는 특수 제작한 입체 안경을 쓰고 빛과 색이 드라마틱하게 펼쳐져 있는 우주 한가운데에 서서 새로 탄생한 별들이 자신을 향해 돌진해왔다가는 곧 스쳐 지나가는 멋진 광경을 감상하고 있는 중이다.

콕스가 참가하고 있는 프로젝트는 약 1년 전, 한 수학적 모델과 더불어 시작되었다. 그 모델이란 물리학자들이 만들어낸 방정식의 집합이고, 그 방정식은 빅뱅이 일어나고 처음 몇 초 동안 우주에서 무슨 일이 벌어졌는지 우리에게 설명해주는 복잡한 수식이었다. 빅뱅은 우주의 대폭발을 말하는 것으로 과학자들은 그 사건으로 인해 우주가 생겨났다고 말한다. 과학자들은 그 수학적 모델을 고성능 컴퓨터에 입력함으로써

∷ 이전에 발견된 적이 없는 수백 개의 성운이 '가장 심도 깊은' 관찰을 통해 그 모습을 드러냈다. '허블 딥 필드(Hubble Deep Field)'라는 이 우주 공간은 나사의 허블 우주 망원경이 포착해낸 것으로, 성운의 형태가 당혹스러울 정도로 다양하다는 사실을 잘 보여준다. 그리고 이 성운 중 일부가 어쩌면 우주에서 가장 오래된 성운일 수도 있다.

:: 이 세 장의 그림은 두 성운이 충돌하는 과정을 기록한 복잡한 과학적 데이터를 시각적 이미지로 변환한 것이다.

데이터를 얻게 되었다. 그것은 200만 개가 넘는 조상 별들이 한꺼번에 탄생한 그 첫 순간을 단계적으로 설명해주는 실로 엄청난 분량의 데이터였다.

그런데 도대체 그 어마어마한 데이터를 어떻게 이해할 것인가? 인간의 정신이 제대로 파악하기에는 그 양이 너무나 방대했다. 콕스는 말한다. "데이터는 부담스런 짐입니다. 우리는 너무 많은 데이터를 갖고 있어요. 그건 마치 감자를 10킬로그램이나 짓이겨놓고는 지푸라기 하나를 꽂아 휘젓는 꼴이죠."

애당초 콕스가 이 프로젝트에 참여한 것도 그 때문이었다. 원래 그래픽 아티스트인 그녀는 그 후로 오랫동안 일리노이 대학교의 수학자, 과학자들과 함께 '르네상스'라는 팀에서 공동 연구해왔다. 과학자들은 숫자와 부호가 끝도 없이 이어지는 긴 데이터를 그녀에게 가져다주었고, 그녀는 그들과 함께 그 숫자를 그래픽 이미지로 바꿀 수 있는 방법을 찾아내는 데 열중했다. 그렇게 얻은 이미지들을 CAVE의 벽, 천장, 바닥에 투사하고 특수 제작한 입체 안경을 통해 그것을 보았다. 콕스와 동료 과학자들은 숫자가 나타내는 우주 세계를 몸소 체험하면서 그 데이터 속으로 여행을 떠날 수 있게 된 것이다.

사람들은 가끔 그녀의 작업이, 이를테면 〈스타트랙〉에 등장하는 일종의 가상현실적 표현 방식과 어떻게 다른지 묻곤 한다. 결국 둘 다 컴퓨터 그래픽을 이용해 이미지를 창조하는 작업이 아닌가. 콕스는 이렇게 대답한다. "컴퓨터 그래픽에는 광고나 연예 오락에 관련된 특별한 영역이 있고, 그 영역에서 목표로 하는 것은 환상을 창조하는 것입니다. 그러나 수학자와 과학자들이 함께 하는 우리 작업의 목표는 숫자 속에 들어 있는 실제 세계를 드러내는 것입니다. 그것은 전혀 상반된 목표인 셈이죠." 콕스의 목표는 인위적인 환상의 세계를 만들어내는 것이 아니라, 사람들이 오관을 이용해 실제의 세계를 좀더 쉽고 생생하게 이해할 수 있도록 도우려는 것이다.

   수학의 힘을 빌려 우주 최초의 순간을 그려낼 수 있게 되었을 때, 우리는 결코 볼 수 없으리라 생각했던 어떤 세계를 눈으로 볼 수 있게 되었다. 수학을 이용함으로써 비로소 육안으로 볼 수 있게 된 신비의 세계는 그것 말고도 또 있다. 바로 해저의 세계다.

해저는 평평한가

지질학자 돈 라이트(Dawn Wright)는 남태평양에 떠 있는 탐사선에서 모니터를 통해 밝은 색으로 채색된 산악 지형의 영상을 주의깊게 관찰하고 있다. 그녀가 보고 있는 장면은 선체에서 약 5킬로미터 아래의 해저를 향해 발사한 음파가 되돌아오면서 만들어낸 이미지들이다. 오레곤 출신인 라이트는 현대판 미지 탐험가이다. 그녀가 지도를 그려가고 있는 미지의 구역은 바닷속 깊은 곳의 신비로운 지형이다. 라이트는 말한다. "사람들은 흔히 해저가 그저 평평한 불모 지역일 거라고 생각합니다. 하지만 우리가 지금 발견하고 있는 사실들을 종합해보면 해저의 지세는 매우 울퉁불퉁하고 흥미롭습니다."

   해저 지도를 그리기 위해 수학을 이용하고 있는 라이트는 그 작업이 북아메리카 대륙의 지형도를 처음 그려낸 선구자들의 작업과 무척 다르다고 말한다. "나는 사람이 한번도 가본 적 없는, 그리고 앞으로도 결코 가볼 일이 없을 것 같은 곳의 지도를 만들고 있는 셈이죠."

   바다의 밑바닥을 눈으로 직접 볼 수 없다는 한계 때문에 라이트의 작업에는 수학의 힘이 꼭 필요하다. 바다 밑바닥에 닿았다가 되돌아온 음파를 취합한 데이터를 가지고 컴퓨터상에서 재구성해야 하기 때문이다. 비록 이 작업이 수학에 전적으로 의존하고 있기는 하지만, 그렇다고

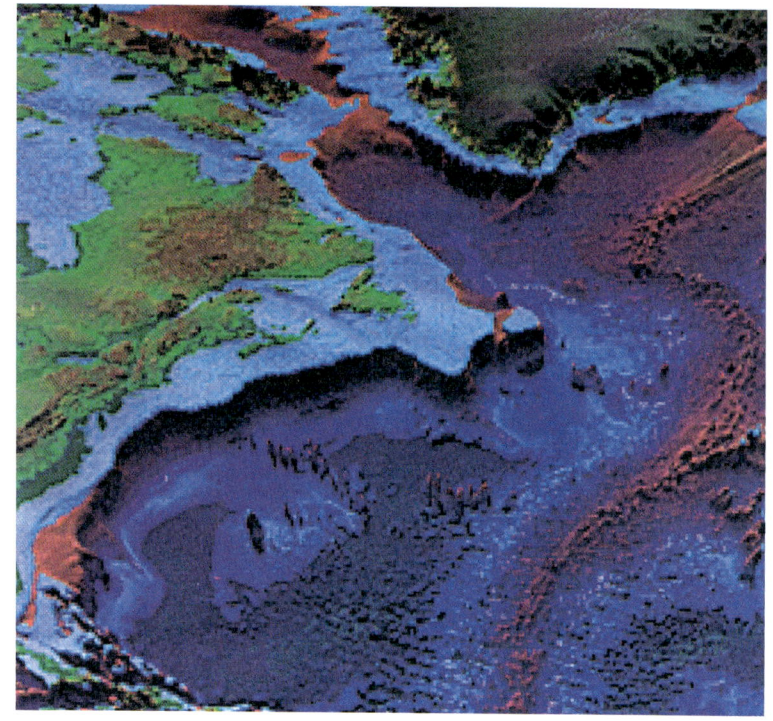

:: 돈 라이트가 해저 탐험을 통해 취합한 데이터를 컴퓨터에 입력해 제작한 이국적인 해저 지형도.

자기가 가장 좋아하는 주제가 수학은 아니라고 그녀는 말한다. 그녀도 복잡한 수학적 작업은 보통 다른 사람에게 맡긴다. "바다 밑바닥의 지도를 정확하게 그리는 데 수학은 절대적으로 필요합니다." 그녀도 인정하는 사실이다. 그러면서도 이 얘기를 빼놓지 않는다. "그렇더라도 자기가 직접 수학자가 되어야 할 필요는 없다는 것이 이 일의 좋은 점이죠."

그녀는 왜 이 일을 할까? 과학의 어떤 점이 그녀를 그렇게 들뜨게 만들었을까? 라이트는 과학에 처음 발을 들여놓게 된 계기를 회상하며 이 질문에 답을 내놓았다. "지구를 탐험하고 싶은 어린이들에게 가장 중요한 것은, 우선 진심으로 지구를 사랑하고 지구와 함께 있다는 사실에서 흥분을 느껴야 한다는 것이겠죠. 언젠가 자크 쿠스토(Jacques Cousteau)가 사람들은 자기가 사랑하는 것은 꼭 지켜낸다고 말했죠. 나는 거기에 한 가지를 덧붙이고 싶어요. 사람들은 자기가 이해하는 것도 마찬가지로 꼭 지켜낸다고 말이죠."

 돈 라이트는 우리가 살고 있는 세계를 이해하는 것이 중요하다고 생각한다. 그녀는 이해하면 지키게 될 것이라고 말한다. 또한 이해는 어떤 일을 실천에 옮기기 위한 첫 단계이기도 하다. 그 일은 지구 환경을 보호하기 위한 행동일 수도 있고, 킬러 바이러스 같은 치명적인 인류의 적과 싸우기 위한 행동일 수도 있다. 그런 일에도 수학은 마찬가지로 도움을 줄 수 있다.

어떻게 바이러스를 식별하는가

 실비아 슈펭글러(Sylvia Spengler)는 생물학자이고 데비트 섬너스(De Witt Sumners)는 수학자이다. 두 사람은 서로 힘을 합쳐 눈에 보이지 않는 적인 바이러스를 물리치기 위해 맹렬한 전투를 벌이고 있다. 슈펭글러와 섬너스는 바이러스의 작용 방식을 이해함으로써 그것을 이겨낼 수 있는 실마리를 마련할 수 있으리라 기대한다.

 바이러스는 지구 상에서 가장 오래된 가장 단순한 형태의 생명체에 속하며, 또한 그 누구보다 효율적인 존재이기도 하다. 바이러스는 자신의 번식과 생존을 위해 다른 생명체를 부려먹는다. 다른 생명체의 세포에 접촉한 바이러스는 세포 안으로 침투해 그 세포를 통제하기 시작한다. 일단 한 세포를 장악한 바이러스는 결국 파괴되고 말 그 세포에게 그 전까지 자기를 최대한 복제하라고 지시한다. 그렇게 복제된 바이러스는 이웃 세포들로 퍼져나간다.

 감기 바이러스같이 흔히 볼 수 있는 몇몇 바이러스의 경우, 인체는 그 바이러스가 너무 광범위하게 확산되지 못하도록 자구책을 마련해 대응한다. 그렇게 해서 바이러스의 희생양은 곧 회복된다. 그러나 에이즈 바이러스로 알려진 HIV 같은 바이러스의 경우에는 인체가 효과적인 대응수단을 갖고 있지 않다. 결국 전투의 최종 승자는 바이러스이고 희생양은 점점 병이 악화되다가 끝내 죽고 만다.

바이러스를 연구하는 과학자들이 가장 난감해 하는 문제 중 하나는 바이러스가 너무 작아서 눈에 보이지 않는다는 것이다. 도대체 바이러스는 어떻게 세포 속으로 침투할 수 있는 것일까? 여기서 섬너스가 우리의 이야기에 등장한다. 그의 전문 수학 분야는 이른바 '매듭 이론(knot theory)'이다.

매듭 이론은 19세기 중반에 시작되었다. 그 이름에서 알 수 있듯이, 매듭 이론은 매듭을 연구한다. 매듭 이론가들이 제기하는 두 가지 근본적인 질문은 이것이다. 특정 매듭을 기술하는 방법은 무엇인가? 두 개의 매듭이 같은 매듭인지 아닌지 어떻게 알 수 있는가?

첫 번째 질문은 표기 방법에 관한 것이다. 수학자는 계산의 패턴을 기술하기 위해 일반적인 대수학을 사용한다. 그리고 음악가는 음악의 패턴을 기술하기 위해 음악 기호를 사용한다. 매듭 이론가는 매듭의 패턴을 기술하기 위해 어떤 표기법을 써야 하는가?

두 번째 질문을 제기하는 이유는, 언뜻 보면 전혀 달라 보이는 두 개의 매듭이 실은 같은 패턴의 매듭으로 밝혀지는 경우가 많다는 데 있다. 마구 뒤엉킨 정원용 호스를 풀어본 적이 있는 사람이라면 그 사실을 알 것이다. 엄밀히 말해 애초에 쓰고 난 호스를 깔끔하게 감아놓았더라면, 호스

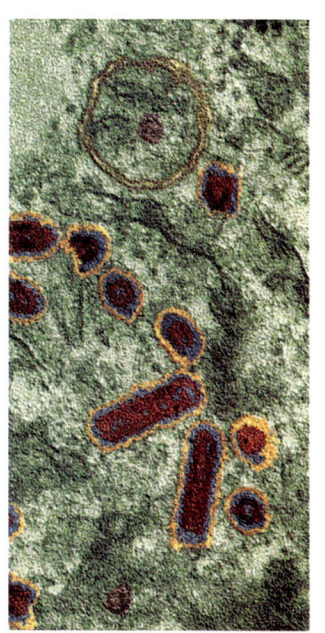
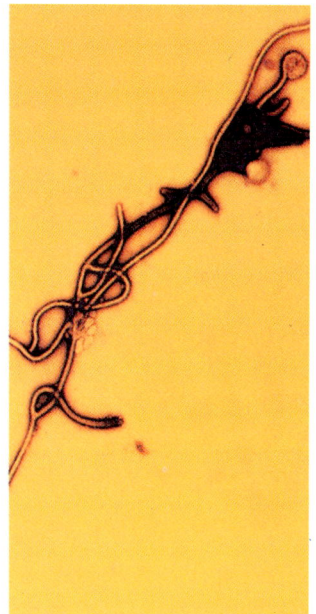

:: 왼쪽은 전자 현미경으로 찍은 광견병 바이러스이고, 오른쪽은 매듭 모양을 하고 있는 에볼라 바이러스이다.

에 매듭이 생기는 일은 없었을 것이다. 그러나 대부분의 정원용 호스는 아마도 자기 혼자 저절로 꼬여가는 못된 버릇이 있는지도 모른다. 그것도 매듭이 얽혀 있지 않은 부분은 아예 찾아볼 수 없을 정도로 아주 복잡하게 얽힌다. 어쩌면 정원용 호스 그 자체가 바로 매듭의 화신일지도 모른다!

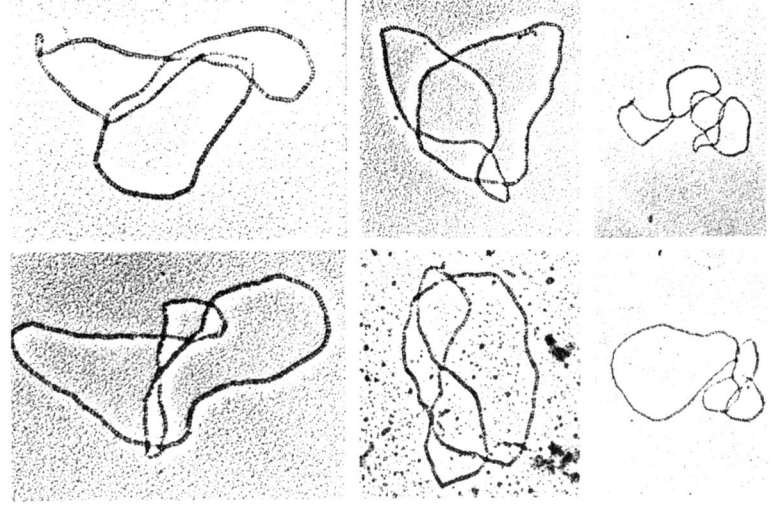

∷ 전자 현미경으로 촬영한 여러 형태의 DNA 매듭.

　매듭이 보이스카우트나 항해 선원에게는 확실히 관심의 대상이 되겠지만, 도대체 매듭 이론은 바이러스와 무슨 상관이 있어서 슈펭글러와 섬너스가 함께 일하게 되었단 말인가? 이 물음은 결국 능률을 추구하는 자연에 대한 또 하나의 의문인 셈이다. 얇고 긴 실처럼 생긴 DNA 분자는 세포 내부에 딱 맞도록 똘똘 감겨 있다. 세포에 침투한 바이러스는 그 세포의 DNA를 변화시켜 자신의 목적을 달성해야 한다. 그러기 위해 바이러스는 우선 그 DNA를 조작해 매듭을 짓게 만든다. 그 이유는 DNA의 특정 부분들이 가까이 모이게 하기 위해서이다. 그런 다음, 바이러스는 그 부분들을 서로 바꿔치기 함으로써 DNA를 엉뚱하게 고쳐 버린다. 그리고 바로 이 과정에서 생겨난 DNA의 매듭 패턴이 과학자들에게는 일종의 지문과 같은 역할을 하게 된다. 그 매듭은 바이러스의 정체를 확인하고 그것의 행동 양식을 이해하는 데 도움을 준다. 이것은 형사가 지문을 이용해 용의자와 범죄 수법을 알아내는 것과 비슷하다. 결론적으로 말해, 형사에게 은행에 침입한 강도가 누구이며 어떤 수법을 사용했는지 밝혀낼 때 지문이 중요한 것처럼, 슈펭글러같이 어떤 바이러스가 어떻게 세포에 침입하는지 밝히고자 하는 '바이러스 탐정'에게는 매듭을 잘 아는 것이 무척 중요하다.

그것은 단지 숫자가 아니다

바이러스와 관련한 매듭 이론의 중요성은 비교적 최근에 인지된 사실이다. 길게 잡아도 20여 년 정도밖에 되지 않았을 것이다. 그러나 그보다 훨씬 앞서 매듭 이론을 연구한 몇몇 수학자가 있었다. 그리고 그들의 연구 동기는 순수한 지적 호기심이었다. 시대와 역사를 되돌아보면, 특별한 목적 없이 그저 호기심에서 출발해 몇몇 사람들 사이에서만 논의되던 수학의 한 분야가 실은 일상생활에 아주 중요한 의미를 갖는 경우를 흔히 보게 된다. 사실이 이렇다면, 요점은 언제 어디서 수학이 필요한지 정확히 포착하는 데 있다. 해저 탐험에 수학을 활용하기 위해 직접 수학을 배워야 할 필요가 없었던 지질학자 돈 라이트처럼, 생물학자인 실비아 슈펭글러도 바이러스를 연구하기 위해 반드시 수학자가 되어야 할 필요는 없었다. 그녀도 수학과 관련된 일은 동료인 데비트 섬너스에게 넘겨준다. 연구의 영역이 전혀 다른 섬너스와 슈펭글러가 효율적으로 공동 작업을 할 수 있었던 것은 바이러스 연구에서 수학이 언제 필요하며, 어떤 도움을 줄 수 있는지 두 사람 모두 정확하게 인식하고 있었기 때문이다.

지금으로부터 약 40여 년 전, 과학자 유진 위그너(Eugene Wigner)가 '자연 과학에서 수학의 비합리적인 효율성'이라는 논문을 발표했다. 위그너는 의문을 가졌다. "수학

:: 대칭형, 줄무늬, 나선형 등 다양한 수학적 패턴은 우리가 바라보는 자연 세계의 도처에서 찾아볼 수 있다.

의 응용 분야가 그렇게 많고, 그때마다 큰 효과를 낼 수 있는 이유는 무엇인가?"

위그너의 의문을 올바로 평가하기 위해서는, 먼저 그를 비롯한 모든 과학자들에게 '수학'이라는 단어가 무엇을 의미하는지 이해하는 게 중요하다. 대부분의 비(非)과학자들은 수학을 단지 숫자를 가지고 셈이나 하는 학문이라고 생각하겠지만, 그것은 과학자들이 생각하는 수학과는 전혀 다른 것이다. 셈은 산수의 영역에 속하며, 산수는 수학에서 극히 일부분에 지나지 않는다. 과학자는 수학이 질서에 관한, 패턴과 구조에 관한, 그리고 논리적 관계에 관한 학문이라고 말한다.

수학자가 연구하는 패턴과 관계는 자연의 세계 도처에서 발견된다. 꽃의 대칭적인 패턴, 흔히 보는 매듭의 복잡한 패턴, 하늘을 가로질러 움직이는 행성의 궤도, 표범의 가죽에 그려진 얼룩의 패턴, 사람들의 투

> 어떤 면에서 수학자는 시인이어야 하며, 그렇지 않을 경우 완벽한 수학자가 될 수 없다는 얘기는 결코 거짓이 아니다.
>
> 카를 바이어슈트라스 | 수학자 |

표 패턴, 문장을 구성하는 단어들간의 관계, 우리가 음악으로 인식하는 소리의 패턴 등 그 목록은 끝도 없다. 때로 패턴은 숫자로 나타나며 산수를 이용해 기술하고 연구할 수 있다. 예를 들면 투표 패턴이 그것이다. 그러나 패턴은 숫자로 나타나지 않을 때가 더 많다. 매듭의 패턴이나 꽃의 대칭적인 패턴은 숫자와는 거리가 멀다.

'패턴의 과학'으로서 수학은 세계에 관해 사유하는 여러 방식 중 하나이다. 세상을 수학적으로 생각하는 것은 그 세상을 이해하는 데 도움을 준다. 간단한 예를 들어보자. 우리가 꽃에 대해 '안다'고 말하는 것은 무슨 의미인가? 원예가가 특정한 종의 꽃을 '안다'는 것은 그 꽃이 어떤 조건에서 가장 잘 자라는지, 이를테면 최적의 토양은 어떤 성분이고, 어느 정도의 수분과 영양분이 필요하며, 이상적인 온도는 몇 도인지 등을 아는 것을 의미한다. 꽃꽂이 연구가가 꽃을 '안다'는 것은 이 꽃을 어떤 꽃과 조합해야 매혹적인 꽃다발이 되며, 그 꽃다발은 어떤 조건에서 원래의 모습을 오래 유지할 수 있는지 아는 것을 의미한다. 식물학자가 꽃을 '안다'는 것은 줄기, 잎, 꽃 등의 다양한 기관이 어떻게 기능하는지 이해하는 것을 의미한다. 화학자는 꽃이 자라서, 영양분을 섭취하고, 태양 광선을 흡수하는 과정에서 어떤 화학반응이 일어나는지를 중심으로 그 꽃을 이해할 것이다. 마찬가지로 수학자 역시 그 나름의 방식으로 특정한 꽃에 대해 '알' 수 있다. 즉, 꽃의 대칭 패턴을 통해 꽃을 이해하는 것이다. 이를테면, 어떤 꽃을 회전시켜도 여전히

:: 수학의 표기법은 음악의 기보법과 거의 비슷하다. 아래에 있는 사진은 유명한 인도 수학자 스리니바사 라마누잔(Srinivasa Ramanujan)이 남긴 공책의 한 쪽이다. 그는 나름대로 이색적인 수학적 표기 방식을 고안한 수학자였다. 오른쪽 사진은 베토벤의 바이올린 소나타 10번 G장조 op. 96의 악보 중 한 쪽이다.

'동일한 모양으로 보일 수 있게 만드는' 방법이 몇 가지나 될까? 어떤 꽃을 이해하는 오로지 한 가지의 '올바른' 방법 같은 것은 존재하지 않는다. 모든 것은 자신이 갖고 있는 지식으로 무엇을 하고 싶은가에 달려 있다.

수학이 단순히 사람들이 꾸며낸 숫자 놀이가 아니라 우리를 둘러싼 세상에서 발견하는 패턴에 관한 학문이라는 사실을 깨닫고 나면, '수학의 비합리적인 효율성'에 대한 위그너의 견해가 그리 놀랄 만한 얘기로 들리지는 않을 것 같다. 수학은 숫자에 관한 학문이 아니다. 그것은 삶에 관한 것이다. 수학은 우리가 살고 있는 세상에 관한 것이며, 우리의 사유에 관한 것이다. 그리고 흔히 얘기하는 것처럼 지루하고 흥미 없기는커녕 온갖 유형의 창조성으로 가득 차 있다.

뛰어난 피아노 연주가이자 저명한 컴퓨터 과학자이기도 한 재런 라니어(Jaron Lanier)는 이 점에 대해 다음과 같이 얘기한다.

"인간은 직접 숫자를 볼 수 있게 진화해오지는 않았습니다. 하지만 수학을 할 수 있게 진화했죠. 달리고 뛰어오르고 공을 잡는 매 순간마다 우리는 수학을 하고 있기 때문입니다. 매우 육체적인 수학이라고나 할까요. 우리는 단지 몸을 이리저리 움직이기만 할 때에도 그런 엄청난 지혜를 발휘하는 것입니다. 나는 수학이야말로 우리가 흥미를 가질 수 있는 가장 자연스러운 인간적 활동이라고 확신해 마지않습니다. 그렇지만 수학을 가르치기 위해서는 많은 사람들이 낯설어하는 언어를 사용해야 합니다. 본격적으로 수학에 뛰어든 사람들조차 그 언어에 익숙해지기가 쉽지 않습니다. 너무 무미건조하고 기술적이기 때문이죠."

수학은 매우 상상력이 풍부한 학문이라고 생각합니다.
수학을 잘하고 못하고는 사물을 완전히 다른 방식으로 볼 수 있느냐 없느냐에 달려 있습니다. 그러려면 어느 정도의 상상력이 필요하죠.

제임스 머레이 | 수학자 |

> 제대로 보면 수학은 진리를 담고 있을 뿐 아니라 최고의 아름다움도 갖고 있다. 그것은 조각상의 아름다움처럼 냉철하고 엄격한 아름다움이다. 수학은 숭고하리만큼 순수하며 오로지 최고의 예술만이 보여줄 수 있는 엄격한 완벽함을 이룬다.
>
> 버틀란드 러셀 | 철학자 |

라니어가 수학과 음악이라는 두 분야에 모두 열정을 쏟고 있다는 사실은 전혀 놀랄 일이 아니다. "수학과 음악에는 공통적인 아름다움이 존재합니다. 그건 너무나 심오하기 때문에 만일 어느 한쪽을 사랑하게 되었다면 다른 한쪽도 사랑하지 않을 수 없는 그런 아름다움이지요. 글쎄요, 이렇게 말고 달리 어떻게 표현할 수 있을까요."

분명한 것은 수학이 단지 산수라면 라니어처럼 수학과 음악을 비교하는 것은 아무런 의미도 없다는 점이다. 불행하게도 대부분의 사람들은 수학을 산수 이상으로 받아들이지 않는다. 그래서 대부분의 수학은 감추어진 채로 있다. 오로지 몇몇 사람만이 수학이 우리가 사는 세상 어디에나 모습을 드러내고 있으며, 우리의 삶에서 매우 중요한 역할을 하고 있다는 사실을 알 뿐이다.

이 책을 한번 훑어보면 분명히 알 수 있겠지만, 수학은 풍요롭고 가끔은 아름답기까지 한 인간 정신의 산물일 뿐 아니라(우리 문화의 중요한 한 측면이다), 실제로도 우리 삶의 거의 전 영역에 걸쳐 매우 강렬하고 심원한 영향을 미친다. 아주 간단히 표현하자면, 수학은 '보이지 않는 우주'이다.

성공의 기호들

누구든 전형적인 수학책(이 책이 아닌!)을 펼쳐보고 가장 먼저 받는 충격은 그 안이 온통 기호들로 가득 차 있다는 것이다. 대부분의 사람들은 넘기는 책장마다 전혀 알 수 없는 알쏭달쏭한 문자들을 끊임없이 접하게 된다. 그건 마치 별스러운 문자로 쓰인 외국어 같다. 그리고 실제로 그 얘기가 전혀 틀린 것도 아니다. 수학자는 자신의 생각을 수학의 언어로 표현한다.

왜 그럴까? 만일 수학이 우리의 삶과 세계에 관한 것이라면, 왜 수학자는 많은 사람이 학교를 졸업하기도 전에 그 과목에 등을 돌리게 되는 그런 별난 언어를 사용하는 것일까? 그것은 수학자가 괴팍해서가 아니다. 또 그들이 무의미한 기호로 이루어진 대수의 바다를 헤엄치며 시간을 보내고 싶어하는 별종이기 때문도 아니다. 수학자가 추상적인 기호에 의존하는 것은 그들이 연구하는 패턴이 추상적이기 때문이다.

수학자가 다루는 추상적인 패턴은, 이를테면 세상 만물의 '뼈대'라고 생각해봄직하다. 수학자는 세상의 한 측면, 예를 들어 바이러스나 꽃이나 포커 게임을 보고 그것들이 갖는 특징을 끄집어낸 다음, 나머지 구체적인 내용은 모두 버리고 바로 그 추상적인 뼈대만을 남겨놓는다. 바이러스의 경우, 남는 추상적인 패턴(즉 뼈대)은 매듭의 패턴, 다시 말해 DNA 분자가 감겨 있는 방식이 될 것이다. 꽃의 경우에는 대칭의 패턴이 될 것이고, 포커 게임의 경우에는 카드의 분배나 돈 거는 패턴이 될 수 있을 것이다.

그런 추상적인 패턴을 연구하려면 마찬가지로 추상적인 표기법을 사용해야 한다. 그런 점에서 음악은 훌륭한 비유가 된다. 음악가는 음의 패턴을 기술하기 위해 대수 못지않게 추상적인 표기법을 사용한다. 그

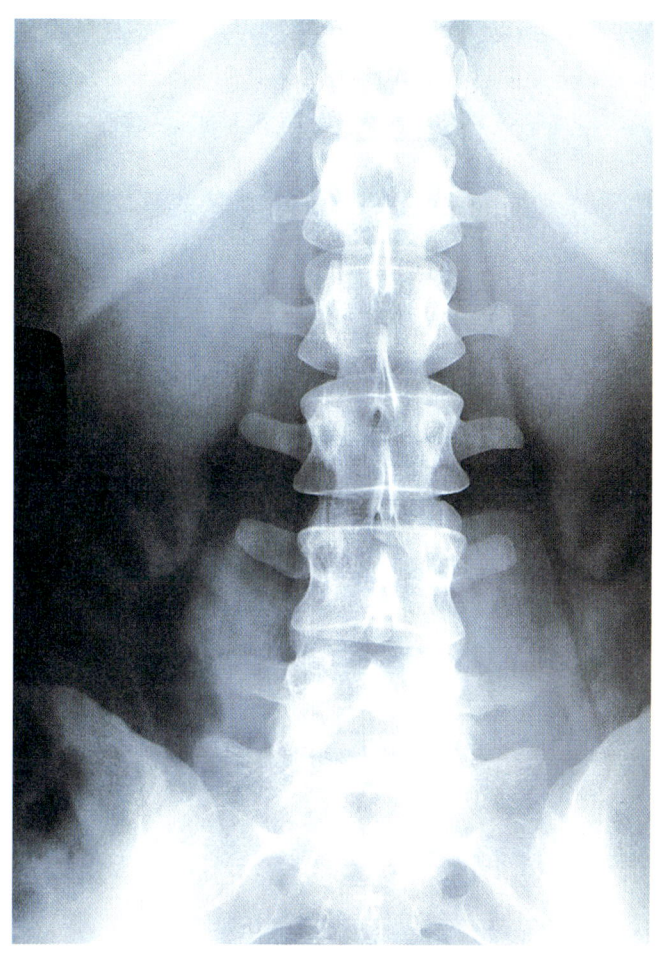

:: 척추의 복잡한 구조는 인체의 직립 자세를 지탱해준다. 우주 만물의 구조 속에 감추어진 수학적 구조 역시 비슷한 역할을 한다.

들은 왜 그렇게 할까? 그것은 음악을 들을 때 마음속에 생겨나는 매우 추상적인 패턴을 종이 위에 기술하고자 하기 때문이다. 동일한 가락을 피아노, 오보에, 플루트 등 여러 악기로 연주할 수 있다. 각각의 악기는 서로 다른 소리를 내지만 가락은 동일하다. 특정한 가락을 결정하고 그 가락을 다른 가락과 구분할 수 있게 해주는 것은 사용하는 악기가 아니라 바로 그 악기가 연주하는 악보의 패턴이다. 음악가가 음악 특유의 표기법을 사용해 종이 위에 옮겨놓은 것은 그런 추상적인 패턴이며 특정한 악기가 들려주는 특정한 소리가 아니다. 추상적인 패턴을 끄집어내기 위해선 음악가도 수학자처럼 추상적인 표기법이 필요한 것이다.

수학자가 수학적인 기호로 가득 찬 종이를 들여다볼 때, 그가 실제로 '보고' 있는 것은 그 기호가 아니다. 그것은 음악가가 악보 위에 적혀 있는 음표를 읽는 경우와 마찬가지다. 음악가의 눈은 기호를 '통해' 그 기호가 나타내는 소리를 직접 읽어낸다. 악보를 읽을 때 음악가는 마음속으로 그 음악을 '듣고' 있는 셈이다. 이와 유사하게 수학자는 수학의 기호를 '통해' 그 기호가 나타내는 패턴을 읽어낸다.

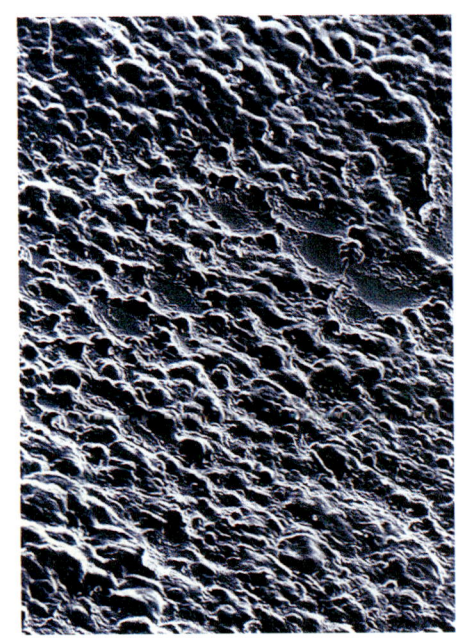

:: 실제의 유리 표면은 평평하지 않다. 유리 표면을 300배 확대한 사진이다.

수학적 접근 방법의 본질과, 그 방법이 보여주는 놀라운 힘과 성공의 열쇠는 수학자가 추려내 연구하는 패턴들의 극단적인 단순성과 고도의 추상적 본성에 있다. 수학자는 자연과 삶의 복잡성을 피하고 아주 단순한 세계관을 택한다. 그들은 완벽하게 곧은 직선, 완벽하게 둥근 원, 기하학적으로 정밀한 삼각형·사각형·직사각형, 전혀 굴곡이 없는 매끈한 평면, 순간 순간의 분절적인 시간 등으로 이루어진 세계를 본다. 사실 현실 세계에는 완벽한 원도, 완벽한 직선이나 매끈한 평면도 존재하지 않는다. 그리고 어느 모로 봐도 찰나의 분절적인 시간은 현실 세계에 존재하지 않는다. 이 말을 믿지 못하겠거든, '매끄러운 평면'처럼 보이는 유리를 현미경으로 들여다보라. 완벽하게 평평한 것처럼 보였던 유리가 전혀 매끄럽지도, 평평하지도 않다는 사실을 금방 알게 될 것이다. 수학자가 생각하는 원, 선, 면 등은 전부 상상의 힘을 빌려 허구적으로 꾸며낸 것들이다. 그것들은 우리 현실 세계에서 볼 수 있는 '어지간히 둥근 원', '거의 곧은 선', '그럭저럭 매끄럽고 평평해 보이는 평면' 등을 이상화한 것이다.

수학과 수학의 표기법에 대한 또 다른 비유로 건물이나 기계를 설계할 때 사용하는 청사진을 들 수 있다. 이를테면, 청사진은 자기가 만들고 싶어하는 대상의 '뼈대'라고 할 수 있다. 청사진은 대상의 기본적인 구조를 제공할 뿐 복잡한 세부사항들은 전혀 담고 있지 않다.

세상을 바라볼 때 가장 기본적인 구조와 패턴만 남기고 나머지 복잡한 내용은 모두 벗겨버리는 수학자의 태도는 환자의 X레이를 찍는 내과 의사와도 닮았다고 할 수 있다. X레이 촬영기는 가죽, 살, 근육의 이미지를 모두 벗겨버리고 오로지 신체의 근본이 되는 뼈대만을 남긴다. 그것이 수학을 보이지 않는 우주라고 부르는 또 다른 이유이다.

수학이 정말로 무엇을 다루는지, 다시 말해 수학자가 정말로 무슨 일에 매달리고 있는지 깨닫고 나면, 수학이란 세상 만물의 배후(혹은 그 밑)에 존재하며 우리 삶의 거의 모든 측면에 적용된다는 사실이 그리 놀라운 얘기로 들리지 않을 것이다. 고도로 추상적인 패턴을 추론하고 설명할 수 있다는 점에서 수학자가 사용하는 기호는 의심할 바 없는 힘의 상징이요, 성공의 상징이다.

이 책은 패턴의 과학이자 보이지 않는 우주인 수학이 우리의 일상생활에서 맡고 있는 헤아릴 수 없이 많은 역할 중 몇 가지를 살짝 들여다볼 수 있는 기회를 제공해줄 것이다.

Life by the NUMBERS

02

백문이 불여일견

오래된 원근법
화랑 안의 수학
4차원 세계에 울려퍼지는 수학 교향곡
또 다른 관점
원근법을 넘어서

> 내게 수학은 일종의 감춰진 도구입니다. 수학은 컴퓨터 그래픽의 세계에서 내가 하는 모든 일의 배후에 존재하지요.
>
> 더그 트럼블 | 영화 제작자 |

더그 트럼블(Doug Trumbull)은 꿈을 실현시키는 사람이다. 아니, 그보다는 꿈이 실현된 것처럼 보이게 만드는 사람이다. 그는 30년이 넘는 세월 동안 수많은 영화의 특수 효과를 창조해왔다. 〈2001 스페이스 오디세이〉의 우주 탐험에 등장하는 당시로서는 첨단의 컴퓨터 기술, 〈블레이드 러너〉의 배경이 된 21세기 로스앤젤레스의 암울하고 불길한 세계, 〈미지와의 조우(Close Encounters of the Third Kind)〉에 등장하는 외계 우주선 등 그가 만들어낸 특수 영상은 헤아릴 수 없이 많다. 요즘 트럼블은 새로운 유형의 영화적 경험을 개발하기 위해 많은 시간을 들이고 있다. 이른바 이멀전(immersion) 극장이다. 관객은 이 극장에서 단지 스크린을 보며 음향을 듣는 것에 그치지 않고 신체적인 움직임까지 경험한다.

트럼블은 자신의 최근 작업에 대해 이렇게 말한다. "나의 관심은 관객이 실제 영화 속으로 들어가 액션의 일부가 됨으로써 마치 영화 속으로 빨려 들어가는 듯한 몰입을 경험할 수 있는 그런 영화를 만드는 데 있습니다. 이미 관객과 스크린 사이에 놓인 장애물은 사라져가고 있습니다. 사람들의 감각, 귀, 눈, 신체에 훨씬 더 많은 정보를 제공하려는 것이 나의 생각입니다. 그렇게 함으로써 관객은 영화 속에서 생생한 진짜 경험을 하게 됩니다."

그 과정은 트럼블의 상상과 함께 시작된다. 그는 새로운 유형의 경험을 제공하게 될 새로운 관람용 기구에 대한 아이디어를 궁리하고 있다. "나의 마음은 어떤 종류의 상상 속 공간으로 뛰어듭니다. 거기서 여러 가지 이미지를 보게 됩니다. ……세상에 존재할 수도 있고 존재하지 않을 수도 있는 것들을 보는 것이지요."

트럼블은 머릿속에 막 떠오른 아이디어를 영화적 현실로 옮기기 위해 수학에 의존한다. 그 아이디어가 새로운 관람 기구를 제작하기 위한 실질적인 청사진, 즉 설계도로 발전할 수 있는 것은 바로 수학의 힘 덕분이다. 트럼블의 작업은 현실 세계를 바라보고 그 안에서 근원적인 패

:: 〈블레이드 러너〉의 주인공 해리슨 포드가 특수 효과로 화면을 처리한 가짜 고층 빌딩에 간신히 매달려 있다.

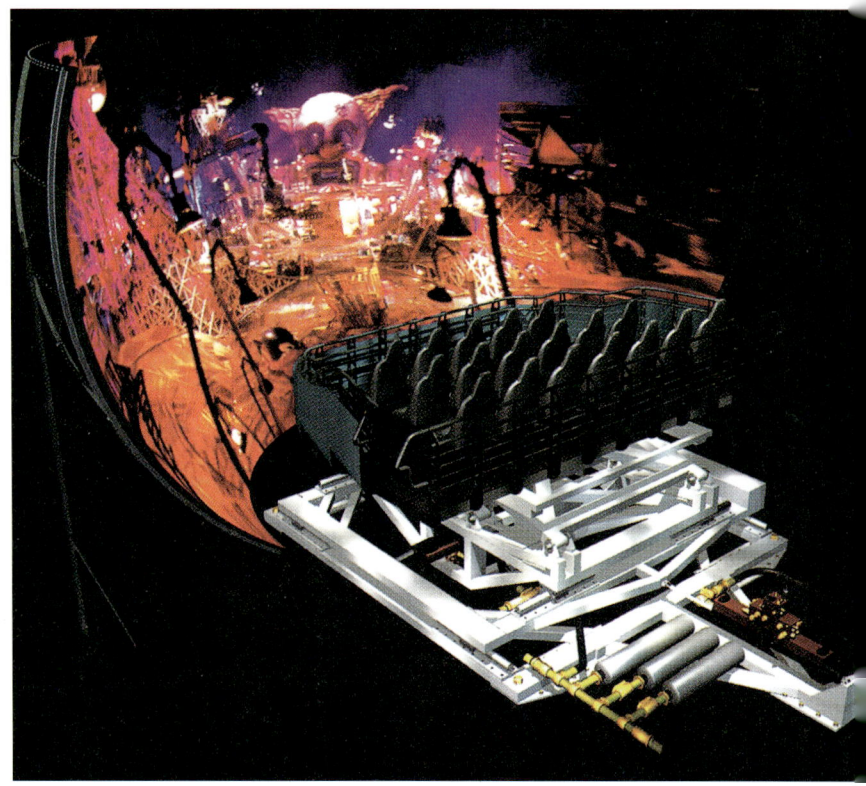

:: 환상적인 축제의 세계가 더그 트럼블이 고안한 시뮬레이션 장치 앞에서 스크린을 통해 생생하게 펼쳐지고 있다.

턴(뼈대 혹은 청사진)을 찾아내는 수학자의 작업과 유사하다. 다른 점은 그 방향이 반대라는 것뿐이다. 트럼블은 뼈대, 즉 수학적 청사진에서 출발해 그 위에 세계를 쌓아올린다. 그리고 그 결과로 탄생한 세계는 실제의 세계가 아니라 가상현실, 즉 가짜의 세계가 될 것이다. 비결은 그 가짜의 세상을 실제 세상과 충분히 닮게 만들어 사람들이 실제 세계로 느끼고 경험할 수 있게 해야 한다는 것이다. 다시 말해, 텅 빈 우주 공간을 여행하고 있다거나 초음속 우주 전투선을 타고 좁은 계곡을 따라 쏜살같이 날아가고 있다고 정말로 느낄 수 있어야 하는 것이다.

예를 들어, 트럼블이 최근에 고안한 관람 기구 가운데 하나는 좌석이 전후좌우로 불과 75센티미터 정도밖에 안 움직인다. 그러나 관객의 시야를 꽉 채우는 스크린을 전방에 설치하고 기구의 움직임을 스크린에 나타나는 이미지와 밀접하게 연계시킴으로써 마치 진짜 우주 공간을 날아다니는 것 같은 환상을 창조한다. 기구의 움직임과 스크린의 영상을 오차 없이 제대로 결합하려면 수학이 필요하다. 물론 트럼블은 수학자가 아니다. "나는 기하학에 대해 아주 기초적이고 직관적인 이해만을 할 수 있을 뿐입니다. 하지만 수학과 숫자들이 내가 하는 모든 일의 배후에 도사리고 있다는 사실만큼은 확실히 알고 있죠." 그는 실질적인 수학적 문제는 다른 사람에게 맡긴다.

트럼블의 접근 방식, 즉 수학을 이용해 특수 효과를 창조하는 것은 이제 영화 제작에서 매우 보편화되었다. 그래서 오늘날의 영화 산업은 세계에서 수학자를 가장 많이 고용하고 있는 분야에 속한다. 〈터미네이터 2〉, 〈포레스트 검프〉, 〈스타워즈〉 등과 같이, 틀림없는 사실처럼 보이지만 실은 전적으로 컴퓨터가 창조해낸 이미지가 많이 동원되는 영화에서는 수학자의 재능이 특히 중요하다. '루카스필름(Lucasfilms)'이나 'ILM(Industrial Light and Magic)'같이 전문적인 특수 효과 기술을 보유한 영화사들은 고도로 숙련된 수학자들의 조직이라 해도 과언이 아니다.

〈포레스트 검프〉에는 영화배우 톰 행크스가 케네디 대통령과 악수하는 장면이 나온다. 그러나 그 영화가 제작된 것은 케네디가 죽은 지 이미 30년이나 지난 뒤였다. 그렇다면 그 장면은 어떻게 만들어진 것일까? 사실 그 장면은 케네디가 대학생 몇 명과 악수하는 오래된 뉴스 필름에다 따로 촬영한 행크스의 악수 장면(물론 행크스는 허공에 대고 손을 흔든 것이다)을 결합함으로써 탄생할 수 있었다. 따로 촬영한 두 녹화 필름을 컴퓨터에 입력한다. 이것은 곧 각각의 필름에서 나온 각각의 프레임이 디지털 신호로 전환된다는 것을 의미한다. 다시 말해, 필름에 담긴 모든 내용이 엄청나게 긴

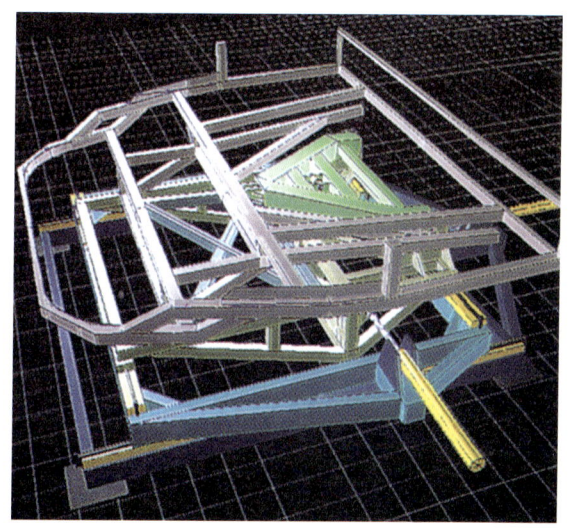

:: 더그 트럼블은 컴퓨터로 관람석을 설계함으로써 스크린 속으로 빨려 들어가는 듯한 가상의 경험을 창조할 정확한 기계 동작을 계산해낼 수 있다.

숫자로 이루어진 수학적 표현으로 변환되는 것이다. 그리고 이제 컴퓨터가 그 숫자들을 우리가 원하는 방식으로 처리해준다. 즉 컴퓨터가 복잡한 계산을 거쳐 내놓은 숫자들의 최종 배열을 다시 영상으로 변환시켰을 때, 우리는 케네디가 1960년대의 학생이 아닌 톰 행크스와 악수하는 장면을 보게 되는 것이다.

〈터미네이터 2〉, 〈스타워즈〉, 〈쥐라기 공원〉 등과 같은 영화에 등장하는 특수 효과도 비슷하게 창조된 것이다. 우리가 스크린에서 보는 이들 영화의 눈부신 영상은 모두 강력한 컴퓨터가 수행한 수백만 번의 수학적 계산의 결과이다. 우리가 보는 극적인 화면과 액션은 영화 제작용 세트에서 촬영한 것이 결코 아니다. 그것들은 컴퓨터 안에서 창조되었으며, 오로지 수학의 세계에서만 존재한다.

"세상은 수학으로 가득 차 있다"는 얘기를 가끔 듣는데, 사실 그 얘기는 단지 수사적인 표현일 뿐이다. 수학은 '세상'에 그렇게 뻔히 드러나 있지 않다. 수학은 우리의 머릿속에 있다. 수학은 3,000년이 넘는 오랜 세월에 걸쳐 성장하고 발전해온 인간 정신의 산물이다. 우리가 "세상은 수학적이다"고 선언할 수 있는 것은 수학이 우리에게 세상을 바라보는 강력한 수단을 제공해줌으로써 그렇지 않았더라면 보지 못했을 세상의 많은 사물을 볼 수 있게 해주었기 때문이다.

수학은 세상을 이해하는 방법, 즉 세상을 우리의 마음속에 담아내는 방법을 제공한다. 그런 점에서 수학은 물리학, 화학, 생물학 등 과학 이론과 비슷하다. 한편 수학은 우리의 머릿속에 존재하는 생각을 세상 밖으로 끄집어내 다른 사람들과 공유할 수 있게 하는 데도 활용할 수 있다. 그런 측면에서 본다면, 수학은 문학·미술·음악 등과 비슷한 매우 창조적인 활동이다. 우리는 수학의 힘을 이용해 우리의 상상력이 빚어낸 머릿속의 생각들을 밖으로 끄집어내 다른 사람들이 보고 경험할 수 있는 평범한 광경으로 만든다. 또 수학을 이용해 정보를 제공하기도 하고, 때로 흥분이나 자극을 불러일으키기도 하며, 어떤 경우에는 오락거리를 선사하기도 한다.

　수학을 바라보는 이 두 가지 방식, 즉 분석적인 과학으로서의 수학과 창조적인 예술로서의 수학은 따로 떼어놓고 생각할 수 없으며, 사실 동전의 양면과 같다. 수학을 통해 세상을 이해하고자 하는 과학자도 창의력과 상상력을 발휘해야 할 경우가 흔히 있으며, 머릿속의 수많은 생각을 제대로 표현할 때도 수학의 과학적인 측면이 반드시 필요할 때가 있다. 더그 트럼블은 자신의 창조적 통찰을 밖으로 표현하기 위해 과학으로서의 수학을 사용한 것이다. 그리고 이런 측면에서 볼 때, 그는 수학의 규칙을 응용해 놀라운 이미지를 만들어낸 창조적 예술가의 계보에 마땅히 이름을 올릴 만하다.

오래된 원근법

트럼블은 자신의 특수 효과 작업이 15세기 이탈리아 화단에서 유래한 한 수학적 전통과 연속선상에 있는 것으로 이해한다. 그는 특수 효과 사업을 처음 시작한 사람이 르네상스 시대의 화가들이었다고 말한다. 그들은 캔버스 위에 그려진 2차원의 이미지가 어떻게 3차원적으로 보이게 되는지, 다시 말해 진짜처럼 실감나게 보이는 방법을 고안한 사람들이었다.

　르네상스 때의 화가들이 처음 발견했으며 오늘날에도 화가 지망생이라면 누구나 배우는 한 가지 중요한 원리는 2차원의 캔버스 위에 3차원의 환영을 창조하려면 먼저 올바른 수학적 뼈대를 갖춘 다음, 그 골격 위에 살을 입혀 나가야 한다는 것이다. 열쇠는 이른바 원근법이라고 하는 수학 이론에 있다.

> 선형 원근법은 우리의 시각에 수학적 방법, 아니 좀더 정확히 말하자면 기하학적 방법을 적용할 수 있게 만들었습니다. 원근법을 이해한 인간은 조심스레 한정된 공간을 그릴 수 있게 되었지요. 실제 공간을 복제할 필요가 전혀 없어진 겁니다. 그리고 아마 그것이 원근법의 진정한 힘일 겁니다. 자연을 단지 모방하는 것이 아니라 창조하는 것이지요.
>
> 샘 에드거튼 | 화가 겸 미술 강사 |

원근법에 숨어 있는 첫 번째 아이디어는 이른바 소멸점 혹은 '무한의 점'이라는 상상 속의 점이 관찰자의 눈과 정반대 쪽에 위치한다는 사실이다. 관찰자의 눈에서 그림 안쪽을 향해 수직으로 진행해가는 모든 직선은 평행한 것으로 간주해야 하며, 따라서 소멸점에서 모두 만나야 한다. 만일 지금 얘기한 대로 그린 그림이라면 그림에 깊이가 생겨날 것이다. 그렇지만 그것만으로는 여전히 현실의 모습과는 거리가 먼 균형 잃은 그림이 될 수 있다. 그렇기 때문에 진정한 원근감을 창조하려는 화가는 어떤 방향으로든 (단지 관찰자의 눈으로부터 수직인 방향뿐 아니라) 평행하다고 간주되는 직선들이 단일한 가상의 직선, 이른바 무한히 뻗어 있는 직선 위 가상의 한 점에서 만날 수 있도록 사물을 배치할 필요가 있다. 평행하다고 간주되는 모든 직선이 무한의 직선 위에서 만나야 한다는 이 제약에 충실한 그림은 확실히 3차원적으로 보일 것이다.

트럼블의 말을 빌리자면, "이탈리아인이 원근법을 알아냈을 때, 그림은 2차원이 아니라 3차원적으로 보이기 시작했지요. 미술을 공부한 내가 그런 뜻밖의 사실을 알게 된 것은 예술 학교에 다닐 때였어요. 그렇게 해서 원근감이 무엇인지 별안간 이해하게 된 거죠. 나의 마음은 놀라움으로 가득 찼습니다. 아마 예전에 이탈리아인들도 똑같은 경험을 했겠죠. 그것은 혁명적인 경험이었습니다."

오늘날 우리는 회화, 사진, 텔레비전, 영화 등 2차원적 영상에서 '깊이'를 보는 데 익숙해 있기 때문에 그런 효과를 전혀 이상하게 받아들이지 않는다. 그러나 레오나르도 다빈치(Leonardo da Vinci)나 알브레히트 뒤러(Albrecht Dürer) 같은 르네상스 시대의 화가들이 원근법이라는 회화의 비밀을 발견하기 전까지, 평면 위에서 그런 효과를 불러일으킬 수 있다고 생각한 사람은 아무도 없었다. 화가이자 미술 강사인 샘 에드거튼(Sam Edgerton)은 이렇게 말한다. "원근법을 이용해 그림을 그릴 수 있는 천부적인 재주를 갖고 태어난 사람은 아무도 없습니다. 원근법을 밝혀내는 데 그렇게 오랜 시간이 걸린 것도 그 때문입니다."

에드거튼은 매년 미대 신입생들에게 원근법의 기하학을 가르친다. 그는 학생들에게 그림의 열쇠가 사진과 다르다는 사실을 깨닫는 데 있다고 얘기한다. 화가는 인간의 시각 시스템이 눈앞에 보이는 대상을 해석해 나가는 방식을 깨달아야 한다. 그리고 그 지식을 바탕으로 인간이 '사실'로 착각하게 하는 시각적 환영을 창조해야 한다. "여러분은 엄격한 기하학의 법칙을 따라야 합니다. 그렇게 해서 이제까지는 오로지 마음의 눈으로만 볼 수 있었던 것을 시각적 이미지로 창조해내는 것입니다."

에드거튼이 언급한 기하학을 사영기하학(projective geometry)이라 한

:: 왼쪽 그림은 1320년 두초 디 부오닌세냐(Duccio di Buoninsegna)가 그린 〈성서의 장면들〉이다. 이 그림은 중세 회화에 전형적으로 나타나는 틀에 박힌 공간 처리 방식을 그대로 따르고 있다. 아래의 그림은 도메니코 베네치아노(Domenico Veneziano)가 1445년에 그린 〈수태고지〉이다. 이 그림은 소멸점을 적용해 원근감을 살린 최초의 작품에 속한다.

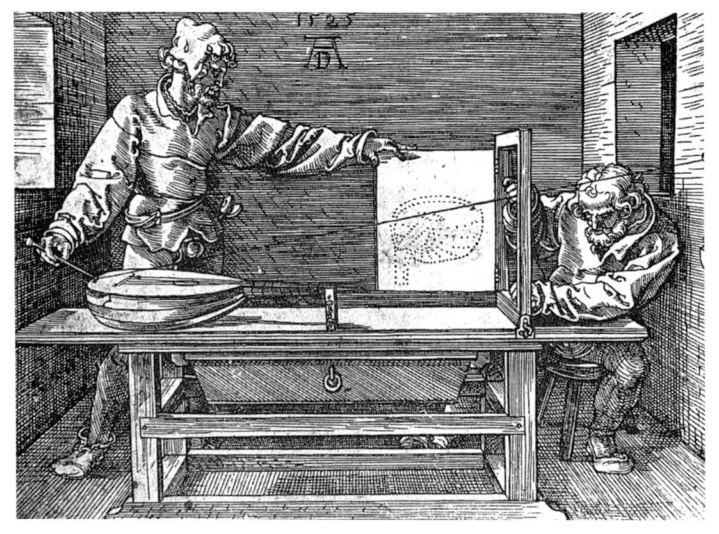

:: 알브레히트 뒤러의 이 에칭은 당시 화가들이 선분에 눈금을 표시해 그림에 원근법을 도입하는 방식을 묘사하고 있다.

다. 이것은 인간의 시각에 관한 기하학으로, 회화에서 사용하는 원근법의 근간이 되는 기하학이다. 사영기하학의 기본 원리는 르네상스 때의 화가들이 원근법을 처음 발견한 이래 오랜 세월에 걸쳐 규명되어왔다. 거기에는 화가들이 발견한 새로운 비밀을 이해하고자 애쓴 수학자들의 노력이 있었다. 최초의 사영기하학 교본은 1813년 장 빅토르 퐁슬레(Jean Victor Poncelet)라는 무관이 썼다. 그는 러시아와의 전쟁에서 포로로 잡혀 있던 중에 이 책을 저술했다.

사영기하학은 현대의 컴퓨터 그래픽을 이해하는 두 가지 수학적 열쇠 중 하나이다. 사영기하학의 법칙을 준수하도록 프로그램된 컴퓨터는 깊이와 그림자를 가진 생생한 장면이나 대상의 이미지를 연출할 수 있다. 그리고 컴퓨터 프로그래머가 사용하는 또 다른 열쇠는, 전 시대를 통틀어 가장 유명한 철학자 중 한 명인 17세기 프랑스의 대 철학자 르네 데카르트(Rene Descartes)가 창시한 기법이다. "나는 생각한다, 고로 존재한다"는 말로 유명한 데카르트는 따지고 보면 수학에는 딱 한 가지만 공헌했을 뿐이다. 그러나 그 한 가지 공헌이 실로 얼마나 대단한 것이었던가!

1637년 데카르트는 이른바 과학적인 방법이란 무엇인지를 기술하는 책 한 권을 출판했다. 그리고 그는 부록에서 기하학의 새로운 방법론을 제시한다. 그의 아이디어는 기하학을 대수학으로 환원시킴으로써 기하학의 문제를 그에 상응하는 대수학의 문제로 바꾸자는 것이었다. 이를테면 잘 만든 영화 한 편을 소설화하는 경우, 스크린에서 책으로의 변환이 제대로만 이루어진다면 두 매체는 동일한 이야기를 서로 다른 방식으로 표현한 셈이 되는 것과 마찬가지다. 데카르트에게 경의를 표하는 의미에서, 그가 제시한 방법에 따라 대수학적으로 처리하는 기하학을 보통 '데카르트 기하학'이라 한다.

데카르트가 제시한 가히 혁명적이라 할 만한 기하학의 새로운 접근 방식을 놓고 흔히 언급하는 두 가지 에피소드가 있다. 둘 다 확실한 증거는 없지만 어쩌면 사실일지도 모른다. 하나는 그 위대한 철학자가 기하학을 너무 못하는 바람에 어쩔 수 없이 그것을 우회할 수 있는 방법을 찾던 중 도달하게 된 결과가 데카르트 기하학이라는 것이다. 다른 하나는 몸이 허약해 병에 자주 걸렸던 데카르트가 그날도 몸져누워 있었는데, 마침 천장을 기어다니는 파리 한 마리가 눈에 들어왔고, 그 파리의 모습을 내내 지켜보던 데카르트는 혹시 파리의 이동 경로를 숫자로 된 방정식으로 기술할 수 없을까 궁금해졌다는 것이다.

나머지 얘기는 사람들이 흔히 말하는 역사의 사실이 되었다. 그렇지만 이제는 지나간 역사라고 하는 편이 나을 것이다. 오늘날 데카르트의 기하학은 전혀 다른 모습으로 나타나고 있기 때문이다. 그것은 우리가 생각할 수 있는 가장 현대적인 형태로 변모했다. 앞에서 언급한 것처럼, 기하학에 대한 데카르트의 대수학적 접근 방식은 한 세대 뒤의 사영기하학과 결합됨으로써 오늘날의 현대식 가상현실 기술과 최근 영화에서 흔히 볼 수 있는 특수 효과 기법의 기초를 마련했던 것이다.

: : 철학자이자 수학자였던 르네 데카르트는 "나는 생각한다, 고로 존재한다"는 매우 유명한 말을 남겼다.

화랑 안의 수학

더그 트럼블이나 샘 에드거튼처럼 도나 콕스 역시 어떻게 하면 예술적 기법을 사용해 인간의 눈을 속일 수 있을까 고심하고 있는 예술가이다. 다시 말해, 사람들이 실제로 존재하지도 않는 대상을 보고 있다고 생각하게 만드는 방법을 찾고 있는 중이다. 트럼블을 비롯해 할리우드의 다른 특수 효과 전문가들이 추구하는 목표는 상상 속의 세계를 창조하는 것이다. 에드거튼과 그의 수강생이 추구하는 목표는 원근법을 이용해 그림이나 광고에서 실감나는 이미지를 창조하는 것이다. 콕스의 목표는 자신의 예술적 재능을 이용해 과학자들이 복잡한 데이터를 쉽게 이해할 수 있도록 돕는 것이다.

콕스는 어버너에 있는 일리노이 대학교에서 일한다. 미술학부 소속이라는 사실에 비추어볼 때, 그녀가 천문학과 건물 근처에 나타난다거나 '국립 슈퍼컴퓨터 응용센터(the National Center for Supercomputer

:: 가상현실 체험실에서 컴퓨터로 시뮬레이션한 빅뱅 직후의 우주를 관찰하고 있는 도나 콕스.

Applications)'의 컴퓨터 과학자나 물리학자들에게 말을 건네는 모습이 어쩐지 낯설어 보일지도 모른다. 그녀는 "미술을 전공할까 아니면 과학을 전공할까 마음이 늘 흔들렸어요"라며 과거를 회상한다. 결국 그녀는 미술학부를 졸업한 뒤 미술과 과학을 둘 다 하는 것으로 그 딜레마를 해소했다. "두 분야가 동떨어진 것이 아님을 분명히 깨닫게 된 계기는 바로 컴퓨터 그래픽이었습니다." 오늘날 콕스는 이른바 '과학의 시각화'라는 분야에서 뛰어난 재능을 발휘하고 있다. 과학자들이 자신의 데이터를 이해하는 데 도움을 얻고자 그녀를 계속 찾는 것도 그 때문이다.

컴퓨터가 더욱 강력해지면서 과학자들은 점점 더 많은 계산을 처리할 수 있게 되었고, 그 결과 점점 더 많은 데이터가 쏟아져 나왔다. 과학자들은 초당 10억 개의 새로운 숫자를 생성해낼 수 있는 컴퓨터가 출현하면서 자신들이 그 숫자의 늪에 빠져 익사해가고 있음을 곧 깨달았다. 그들은 유사 이래 처음으로 엄청난 양의 정확한 데이터를 생성해낼 수 있었지만, 문제는 그 데이터를 이해할 수 없다는 것이었다. 인간의 마음은 그렇게 많은 숫자를 결코 이해할 수 없다. 따라서 인간이 이해할 수 있는 형태로 그 데이터를 변환해야만 한다. 그 형태란 다름 아닌 영상, 즉 시각적 이미지를 말한다. 콕스는 그 데이터를 인간의 마음이 이해할 수 있는 시각적 형태로 표현할 수 있는 방법을 찾기 위해 인간의 지각 능력과 미술에 대한 지식을 활용한다. 콕스는 얘기한다. "우리는 정보 과잉 사회에 살고 있습니다. 엄청난 기술 진보에 힘입어 점점 더 많은 정보를 산출하고 있지요. 내가 하는 일은 숫자의 형태로 생성된 기존의 정보를 쉽게 의사소통될 수 있도록 우리 시대 최고의 도구들을 사용해 다른 형태로 변환하는 것입니다."

조금 역설적이지만, 콕스는 현실 세계를 왜곡하기 위해 발전시켜온 연예 산업의 기법과 기술을 이용해 과학자들이 진짜 현실의 세계를 쉽게 이해할 수 있도록 돕는다. 때때로 그것은 놀라운 결과를 불러오기도

:: 〈터미네이터 2〉에서 사용한 몰핑 기법은 우리의 넋을 빼앗아간다. 금속성 유동체로 만들어진 이 영화의 한 등장인물은 크기나 모양을 자기 마음대로 얼마든지 변화시킬 수 있는 능력을 갖고 있다.

한다. 간혹 콕스가 성취한 과학적 시각화의 영상이 예기치 못한 아름다움을 발산하기도 한다. 그것은 이제껏 인간의 시야에 드러나지 않은 채로 남아 있던 자연의 아름다움이다. 국립 슈퍼컴퓨터 응용센터의 래리 스마(Larry Smarr) 국장이 말한 것처럼, 콕스가 과학자들과 함께 성취해 낸 예기치 못한 몇몇 결과는 미술 화랑에서도 마땅히 한자리를 차지할 수 있을 법한 독창적인 예술품이었다.

그 중에서도 특히 깜짝 놀랄 만한 수학적 미술의 한 사례는 콕스가 일리노이 대학교의 수학자 조지 프랜시스(George Francis)와 함께 작업하던 중에 발견했다. 프랜시스는 위상기하학이라는 수학의 한 분야에서 일한다. 위상기하학(Topology)은 도형을 마치 끝없이 늘릴 수 있는 탄성물질로 만든 것처럼 모양을 변화시키되, 쪼개거나 절단하지 않는 방식으로 '부드럽고 지속적인 변형'을 가할 경우 어떤 현상이 일어나는지를 연구한다. 위상기하학은 영화나 TV 광고의 놀라운 장면들 속에 숨어 있는 수학의 한 분야이다. 영화나 광고에 등장하는 인물이나 특정한 모양의 물건이 마치 물이 흐르듯 자연스럽게 전혀 다른 모양으로 바뀌는 장면을 많이 본다. 이를 영화 전문 용어로 '몰핑(morphing)'이라고 하는데, 몰피즘(morphism)이라는 수학 용어에서 유래한 것이다.

수학적 몰피즘은 영화의 몰피즘과 달리 매우 복잡할 수 있다. 대개의 경우 수학자들은 사물의 변환 과정을 파악하기 위해 대수 공식에 의존한다. 그러나 가끔은 시각적 이미지로 표현하는 것이 가능할 때도 있다. 프랜시스는 그렇게 할 수 있는 가능성이 있다고 판단하면 그 기회를 절대 놓치지 않는다. 물론 수학적인 기호를 가지고 작업할 수도 있지만 그는 시각적 이미지를 더 선호한다. 그래서 그는 특수한 몰피즘의 복잡한 측면을 되도록 쉽게 이해해보려고 칠판에 색분필로 정성스럽게 그림을 그리곤 했다. 어느 정도 시간이 지나자 그 일이 꽤 익숙해졌다. 그러던 어느 날 그의 연구실에서 그가 그린 그림을 보던 도나 콕스에게 한 가지 기발한 아이디어가 떠올랐다. "조지, 나는 컴퓨터 그래픽을 하잖아요. 그리고 당신은 이렇게 멋진 도형을 그리고요. 우리 둘이 힘을 합쳐 슈퍼컴퓨터로 이런 이미지를 한번 만들어보는 건 어떻겠어요?"

한번 시도해보기로 했다. 그들은 두 개의 면을 선택하고 하나가 다른 하나로 변형되는 과정을 동영상으로 표현하는 작업에 착수했다. 프랜시스는 몰피즘의 대수적인 기술 방식을 제공했고, 콕스는 스크린에 몰피즘의 진행 과정이 나타나게끔 컴퓨터 프로그램을 짰다. 두 사람 모두 몰핑이 진행되는 과정에서 과연 어떤 모양들이 나타날지

∷ 복잡한 위상 면을 그래픽으로 표현하고 있는 조지 프랜시스.

> 과학자, 수학자와의 협동 작업에서 가장 좋은 점은 다른 사람과 정보를 공유할 수 있으며, 그렇게 힘을 합치면 이전에 결코 창조한 적이 없는 무언가를 만들어낼 수 있다는 걸 깨달았다는 것입니다. 눈에 보이지 않는 무언가를 눈에 보이게 만드는 작업은 내게 가장 커다란 기쁨이었습니다.
>
> 도나 콕스 | 화가 |

감을 잡지 못했다. 그들은 수학 교과서에서 흔히 볼 수 있는 여러 유형의 기하학적 도형이 나타나지 않을까 예상했다. 그러나 그 예상은 완전히 빗나가버렸다. 한창 몰핑을 진행하던 컴퓨터 화면에 그런 평이한 도형 대신 고전적인 균형의 미를 간직한 여성의 나신이 나타났던 것이다. 그 모양이 꼭 신화에 등장하는 여신의 모습을 연상시킨다고 생각한 그들은 도형에 비너스라는 이름을 붙이기로 결정했다. 그것은 수학의 문제를 풀어가는 과정에서 컴퓨터가 창조해낸 최초의 '고전 미술' 작품에 속한다. 프랜시스와 콕스는 비너스의 발견을 통해 수학이 창조하는 추상적이고 논리적인 아름다움이 우리가 세상에서 흔히 보는 시각적인 아름다움과 일치할 수 있음을 확신하게 되었다.

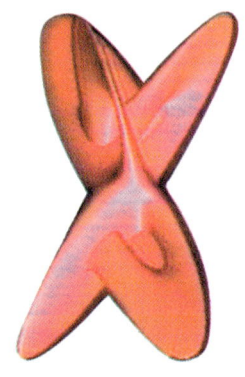

프랜시스는 여체가 나타난 것이 조금 당혹스럽기는 했지만, 아름다운 형태를 보게 된 것 자체가 그리 놀랄 일은 아니라고 생각한다. 다소 무미건조해 보이는 수학 공식들이 실제로는 자연에 이미 내재해 있는 근원적인 아름다움을 기술해준다는 사실을 수학자라면 누구나 알고 있기 때문이다. 수학이 아름다울 수 있는 것은 수학이 잡아낸 자연의 숨겨진 패턴 자체가 아름답기 때문이다.

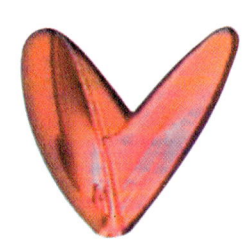

콕스 역시 수학에서 시각적인 아름다움을 발견했다는 사실에 그다지 놀라지 않는다. "우리는 흔히 어떤 것이 우리의 감각기관을 즐겁게 해주면 아름답다고 말하죠. 그렇다면 수학의 관념들처럼 전적

:: 오른쪽 그림은 콕스-프랜시스의 걸작 〈에트루리아의 비너스〉이다. 이것은 '고전적' 형태의 비너스상이 위상적으로는 같은 세 가지 다른 모양으로 변형된 것이다.

으로 추상적인 아이디어가 어떻게 아름다울 수 있을까요? 어떤 것이 논리적으로 명료하고 결국에는 기존의 모든 사실과 잘 맞아 떨어져서 우리가 그것의 작동 원리를 확실히 이해하게 되었을 때 우리의 마음도 똑같은 느낌을 갖게 되는 겁니다. 그리고 이렇게 말하게 되죠. 아름답다고 말이죠."

또한 그녀는 이렇게 말한다. "컴퓨터 작업의 결과로 미술은 점점 수학화되고 있습니다. 기하학과 수학을 진정으로 이해하는 화가는 컴퓨터를 이용해 아주 색다른 형태의 그림을 창조해낼 수 있습니다."

4차원 세계에 울려퍼지는 수학 교향곡

브라운 대학교의 수학 교수 톰 밴초프(Tom Banchoff)는 컴퓨터 그래픽의 선구자 중 한 사람이다. 1970대 초 밴초프는 컴퓨터 과학자 찰스 스트라우스(Charles Strauss)와 함께 기하학적 도형을 그려낼 수 있는 컴퓨터 시스템 개발에 나섰다. 그것은 어떤 도형을 기호적으로 기술하는 대수 방정식을 컴퓨터에 입력하면, 화면에 그 도형이 그려지는 시스템이었다. 밴초프와 스트라우스의 시스템을 갖고 있다면 복잡한 기호들 너머에 존재하는 아름다운 형상을 찾아내기 위해 더 이상 스스로 수학자가 될 필요가 없었다. 이제 그 아름다운 모양을 컴퓨터 화면에서 누구나 쉽게 볼 수 있게 된 것이다. 처음으로 수학은 음악과 비슷한 위치를 차지하게 되었다. 음악도 악보 위에 그려진 기호적 표현을 누구나 들을 수 있는 흥겨운 가락으로 바꾸기 위해 악기를 사용하지 않는가.

그러나 정작 밴초프 본인은 그 새로운 시스템을 단지 수학 세계의 피아노나 기타에 해당하는 것으로 생각하지 않았다. 기하학자인 그는 수학적 표기법을 보고 그것이 표현하는 기하학적 도형을 마음의 눈으로

'보는' 데 아무런 문제가 없었다. 그렇다, 그의 관심은 다른 곳에 있었다. 밴초프에게 그것은 새로운 우주를 탐사하기 위해 마련한 운송 수단이었다.

어릴 때부터 밴초프는 우리의 일상 너머 미지의 영역인 4차원 세계에 매혹되어 있었다. 우리가 살고 있는 일상의 세계는 3차원이다. 세상의 사물은 높이와 너비와 깊이를 갖는다. 그러나 아무리 노력해도 나머지 세 차원과 직각을 이루는 4차원의 영역을 그릴 수는 없다. 그런데도 물리학자들은 우리가 살고 있는 우주가 어쩌면 열 개의 차원을 갖고 있으며, 다만 그 중 일곱 개의 차원은 안 보이는 것일 수 있다고 말한다.

밴초프는 수학과 컴퓨터를 이용해 3차원의 감옥에서 벗어나(육신이 안 된다면 마음만이라도) 미지의 4차원 세계를 탐험하는 작업에 착수했다.

밴초프는 차원의 의미를 이해하기 위해 다음과 같이 머릿속에 시각화된 이미지를 떠올리는 연습을 해볼 것을 제안한다. 먼저 공간상에 한 점이 존재한다고 상상하라. 그 점은 차원을 갖지 않는다. 이제 그 점을 새로운 위치로 옮겨라. 점의 이동으로 선이 그어진다. 선은 1차원적 대상이다. 그 다음, 선을 수직으로 이동하여 사각형을 그려보라. 사각형은 2차원적 대상이다. 이번에는 그 사각형을 네 모서리 모두에 수직이 되는 방향으로 옮겨보라. 그러면 입방체, 즉 3차원적 대상이 나타난다. 이제 이 과정을 한 번 더 반복하라. 즉, 그 입방체를 모든 면에 수직이 되는 방향으로 옮겨보라. 그러면 하이퍼큐브(hypercube), 즉 4차원의 '초입방체'를 그릴 수 있다.

상상할 수 없는 것은 바로 그 마지막 단계다. 인간의 마음은 처음 세 단계를 상상하는 데 큰 어려움을 겪지 않는다. 그러나 우리는 네 번째 단계를 시각화할 수 없다(하이퍼큐브를 표현하는 수많은 그림은 4차원을 대각선으로 그린다).

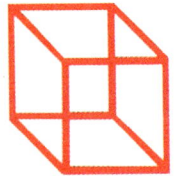

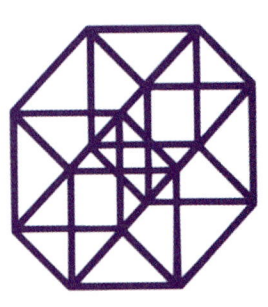

:: 우리는 직선, 사각형, 그리고 입방체의 기하학에 익숙해 있다. 그러나 4차원의 하이퍼큐브로 진행되어 가는 과정에서 나타나는 구조는 우리를 놀라게 한다.

위와 같은 사유 실험은 사실 오랜 세월 동안 우리가 접해왔던 것들이다. 이를테면, 우리는 여기에 나와 있는 이미지들과 비슷한 다양한 종류의 선으로 그린 그림을 보아왔다. 그러나 밴초프는 그런 식의 그림이 매우 불만족스러웠다. 그런 것들은 하이퍼큐브를 시각화하는 데 실질적인 도움이 되지 않았다. 그가 실현하고 싶은 것은 하이퍼큐브를 빙 둘러 모든 각도에서 볼 수 있게 하는 것이었다. 밴초프가 지적하는 것처럼, 결국 3차원적 대상에 대한 실감나는 느낌을 얻고자 할 때도 사실 우리는 바로 그 방법을 쓰는 것이다. 밴초프는 말한다. "3차원적 대상이라고 해서 우

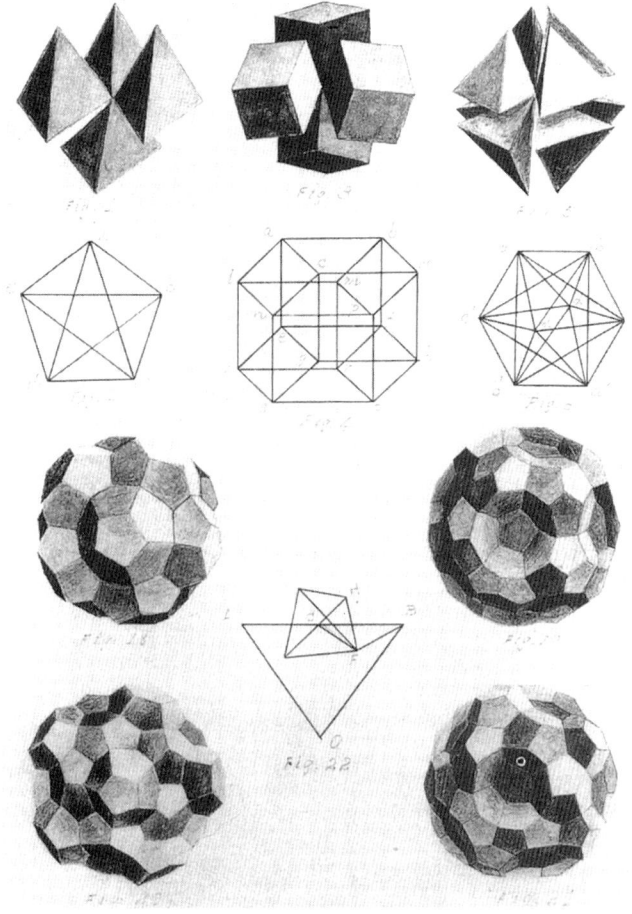

리가 한번에 알아보는 게 결코 아닙니다. 나무토막 같은 입방체를 한 곳에서 계속 본다면, 그건 단지 그 입방체의 절반만을 보는 셈이죠. 그것을 사방에서 빙 둘러볼 때 비로소 각각의 장면을 결합해 하나의 3차원적 이미지를 얻는 겁니다."

밴초프는 컴퓨터 그래픽을 이용해 하이퍼큐브를 사방에서 '빙 둘러 보고' 싶었다. 1978년 그는 마침내 그 일을 해냈고, 그의 어릴 적 꿈도 이루어졌다. 바로 그때부터 인간은 진정한 4차원적 대상, 적어도 수학적 의미에서는 '진정하다'고 말할 수 있는 4차원적 대상을 '보게' 되었다.

우선 밴초프는 기호대수학의 언어로 하이퍼큐브를 완벽하고 정확하

:: 이 그림들은 미국의 수학자 윌리엄 스트링엄(William Stringham)이 1880년에 출판한 책에 실린 도형들이다. 이 중에는 처음으로 세상에 알려진 하이퍼큐브 도형도 들어 있다. 둘째 줄 가운데 칸에 있는 도형이 그것이다. 가끔 스트링엄이 하이퍼큐브의 형태를 처음 발견했다고 얘기하는 경우가 있으나, 사실은 스위스의 수학자 루드비히 쉴라플리(Ludwig Schlaffli)가 1850년에 발표한 한 논문에서 하이퍼큐브의 모양을 제시한 바 있다.

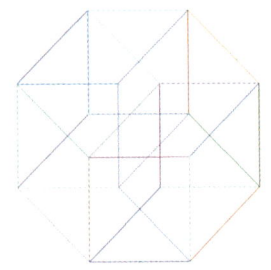

:: 하이퍼큐브는 위에 보는 것처럼 4차원에만 한정되는 것은 아니다. 수학자들은 토머스 밴초프의 4차원 하이퍼큐브 모형을 바탕으로 그보다 훨씬 더 정교한 고차원 입방체의 표상을 창조한다. 오른쪽의 6차원 하이퍼큐브와 아래의 8차원 하이퍼큐브가 그 예다.

게 기술한 다음, 그 데이터를 컴퓨터에 입력했다. 하이퍼큐브를 수학의 언어로 기술하는 일은 어렵지 않았다. 3차원의 공간에 갇혀 있는 우리의 마음은 4차원의 대상을 완전하게 떠올릴 수 없지만, 추상적인 수학에서는 그런 문제가 발생하지 않는다. 4차원, 5차원, 6차원, 아니 그 이상의 고차원에 대해서도 정확한 수학적 기술을 제공하는 데 문제가 없다.

일단 컴퓨터에 하이퍼큐브의 수식을 입력하고 나면, 마지막 단계는 컴퓨터가 그 대상을 가능한 모든 각도에서 화면 위에 나타내도록 명령하는 것이다. 그렇게 해서 밴초프와 그의 동료들은 그 대상을 빙 둘러 살펴보는 경험을 할 수 있었다. 오늘날 그 두 번째 단계에 필요한 테크놀로지는 이미 진부한 것이 되었다. 가장 단순한 컴퓨터 게임에서조차 고도로 정교한 그래픽 화면을 얼마든지 볼 수 있게 된 것이다. 그러나 밴초프가 처음으로 하이퍼큐브의 세계를 탐험하던 당시에는 그와 찰스 스트라우스가 직접 개발할 수밖에 없었던 최첨단의 컴퓨터 기법이었다.

밴초프가 하이퍼큐브의 세계를 처음으로 들여다본 이후 20년이 넘는 세월이 흘렀다. 그 최초의 순간에 대해 그는 어떤 감회를 갖고 있을까? 그리고 오랜 세월이 지난 지금 그는 하이퍼큐브의 형상을 더 잘 이해할 수 있게 되었을까? 밴초프는 당시를 회상한다. "하이퍼큐브를 처음 보았을 때, 우리가 전혀 색다른 어떤 대상을 보고 있다는 사실을 알았습니다. 그것은 이전에 보았던 그 어떤 대상과도 닮지 않은 완전히 특이한 방식으로 움직였어요. 우리는 완전히 넋을 잃었죠. 나는 그 대상을 결코 완전하게 이해할 수 없으리란 사실을 깨달았습니다. 4차원은 우리를 넘어선 곳에 존재합니다. 2차원의 평면 위에 살고 있는 사람에게 3차원의 세상이 전혀 동떨어진 별천지인 것과 마찬가지죠."

그런데 4차원은 정말로 존재하는가? 수학적인 관점에서 볼 때, 그 답은 분명히 '그렇다'이다. 하이퍼큐브는 점, 선, 면, 입방체 등 다른 기하학적 도형들과 전혀 다를 바 없이 존재한다. 그 도형들은 모두 수학의 세계, 즉 눈에 보이지 않는 우주 속에 존재한다. 밴쵸프는 말한다. "누구든 사각형이 정말로 존재하는지 물을 수 있을 겁니다. 사실 세상에 완벽한 사각형은 존재하지 않지요. 그러나 우리 모두는 사각형의 개념을 갖고 있으며, 완벽한 사각형이 아니라는 사실을 알면서도 사각형의 표상을 얼마든지 인식할 수 있습니다. 어쨌거나 진정한 사각형은 추상적인 존재이고, 그것은 신의 마음속에 존재하는 대상이라고 그리스의 수학자들은 말하곤 했습니다."

우리가 4차원을 연구해야 할 이유가 순수한 호기심 말고 또 무엇이 있을까? 밴쵸프는 다음과 같은 설명을 내놓는다. "고차원의 세계를 연구하는 작업의 가장 큰 장점 중 하나는 우리 자신에 대해 훨씬 더 정교해질 수 있다는 것입니다. 나는 세상 만물에서 기하학을 발견합니다. 길을 걸을 때면 늘 어떤 모양에 매혹되곤 하죠. 패턴을 바라보는 것은 즐거운 일입니다. 이를테면, 건물의 창문과 창틀을 요모조모 살피면서 서로 다른 대상이 어떻게 잘 맞물려 있는지 들여다보는 것도 정말 재미있습니다. 특히 그 형태를 정확하게 포착할 수 있는 위치를 잡으면 더욱 기분이 좋아집니다."

밴쵸프는 서로 다른 각도에서 대상을 바라보는 방법으로 4차원의 하이퍼큐브를 '볼' 수 있었다. "우리는 수없이 많은 서로 다른 관점에서

> 기하학은 시각화해 눈으로 볼 수 있는 구조 및 관계에 관한 학문입니다. 우리는 신학과 종교에서도 똑같은 요소를 가끔 볼 수 있습니다. '너머' 같은 공간적인 개념의 어휘를 사용하지 않고 어떤 초월적인 존재를 상상한다는 것은 쉬운 일이 아니죠.

톰 밴쵸프 | 기하학자 |

사물을 바라보고 그렇게 얻은 다양한 형태를 마음속에 존재하는 일종의 연상 네트워크 안에서 재검토함으로써 어떤 특정한 모양에 관해 배우게 되는 것입니다. 똑같은 방식의 탐구 과정을 통해 누구나 4차원의 모습을 알 수 있습니다. 나는 한 학기 내내 학생들과 함께 그것을 보고 또 봅니다."

또 다른 관점

물론 처음으로 4차원 세계를 제대로 들여다본 사람은 톰 밴초프였지만, 그가 처음 시도한 사람은 아니었다. 19세기 말엽부터 화가와 작가들은 4차원 세계에 매료되었다. 대체로 그들의 관심은 당시 대중문화 속에 깊이 스며들고 있던 수학과 과학의 발전에 크게 자극받은 것이었다.

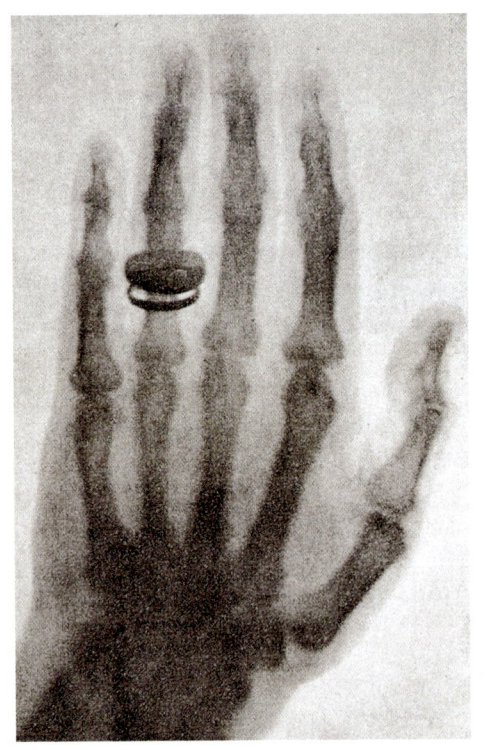

:: 세계 최초의 X레이 사진으로, 1896년 우연히 X레이를 발견했음을 학계에 보고한 빌헬름 뢴트겐의 논문에 실려 있다.

19세기 들어 수학자들이 새로운 기하학을 탐구하기 시작하면서 수학은 그 어느 때보다 추상적인 학문으로 변모해갔다. 그것은 평행선을 만나게 하는 기하학이었고, 4차원 혹은 그 이상의, 심지어는 무한히 많은 차원을 가진 공간의 기하학이었다. 그와 동시에 과학자들은 X레이의 발견을 통해 몸 속의 뼈를 볼 수 있게 해주었다.

예술사학자 린다 달림플 헨더슨(Linda Dalrymple Henderson)의 말에 따르면, 당시의 새로운 발전은 모든 측면에서 세계관의 변화로 이어졌으며 그 변화는 르네상스 시대에 원근법의 발견이 촉발시킨 변화만큼이나 의미 있는 것이었다. 헨더슨은 말한다. "손의 내부를 보여주는 X레이 사진의 등장은 믿기 어려운 문화적 반향을 일으켰습니다. 대중의 반응은 정말 대단했죠. 수백 편의 논문과 책, 시와 노래가 쏟아졌습니다. 이제는 사람들이 다 잊고 잠잠해진 것 같지만 당시로선 정말 깜짝 놀랄 일이었죠."

기하학과 공간 구조에 대한 수학자들의 새로운 관심은 회화의 영역에서 입체파라는 사조를 불러왔다. 파블로 피카소(Pablo Picasso) 같은 화가는 입체파 운동을 통해 차원의 성질을 탐구하고 표상하는 방법을 추구했다. "그것은 믿기 어려운 유토피아적 운동이었습니다. 그들은 이제 새로운 세계, 새로운 시대가 열렸다는 느낌을 갖게 되었죠. 그들에게는 자신들의 이념을 구현할 수 있는 새로운 언어가 필요했습니다. 구두 언어, 시각 언어, 수학의 언어가 바로 그것이었죠."

ⓒ2003-Succession Picasso-SACK(Korea)
피카소, 〈기타를 든 남자〉, 1913, 뉴욕현대미술관 소장

:: 위의 입체파 그림은 1913년 봄 파블로 피카소가 그린 〈기타를 든 남자〉이다. 그는 대상을 공간 속에 표현하기 위해 새로운 회화 기법을 극적으로 활용했다. 입체파 화가들은 기존의 원근법을 무시하고 새로운 표현 언어를 고안함으로써 세계에 대해 인간 시각이 제공하는 것보다 훨씬 더 다차원적인 관점을 묘사하고자 했다.

토니 로빈(Tony Robbin)은 3차원적 우주 너머의 세계를 볼 수 있는 방법을 찾아온 오랜 전통을 이어가고 있는 현대 화가이다. 로빈도 톰 밴초프처럼 4차원 세계에 온통 매료되어 있다. 그러나 밴초프가 수학자로서 4차원의 공간을 탐험했다면, 로빈은 예술가의 눈으로 그 세계를 바라보고자 한다.

화가로서 로빈은 그림 속 4차원의 공간을 탐험하는 일에 매료된 사정을 이렇게 설명한다. "나는 화가가 자신의 감정을 전달하기 위해 주로

> 화가들이 감정을 전달하기 위해 사용하는 주된 도구는 공간이라고 생각합니다. 4차원 기하학은 우리가 살고 있는 세상의 복잡성을 하나의 모델로 제시할 수 있습니다.
>
> 토니 로빈 | 화가 |

사용하는 매개물이 공간이라고 생각합니다. 미술의 역사는 서로 다른 공간의 역사라고 말할 수 있을 겁니다. 그리고 그 공간은 그 시대의 수학, 그 시대의 기하학이 구현해낸 것들이죠. 4차원 기하학은 우리가 살고 있는 세계가 얼마나 복잡한지 보여주는 하나의 모델을 제공할 수 있습니다."

로빈이 지금처럼 차원에 온통 매료된 것은 밴초프를 만나 하이퍼큐브의 동영상을 보게 된 것이 계기였다. 그는 그것을 보고 자신이 정말로 4차원의 세계를 보고 있다는 느낌을 갖게 되었다. 그는 이렇게 말한다. "그날 이후 여러 날 동안 너무나 신비롭고 여전히 이해할 수 없는 기묘한 방식으로 끊임없이 회전하고 뒤집어지는 그 이미지들의 꿈만 꾸었습니다."

로빈도 밴초프와 마찬가지로 4차원의 공간을 시각화할 수 있는 방법을 찾고 싶었다. 밴초프에게는 수학이 매개 수단이었지만, 로빈에게는 예술적 차원의 문제였다. "공간 예술을 창조하고 싶은 화가에게는 공간 자체가 스스로 존재하게 만드는 것이 과제입니다. 다시 말해, 공간 자체가 우리 눈에 보일 수 있게 만드는 겁니다."

또한 로빈은 이렇게 말한다. "3만 년 동안 인간은 패턴을 만들어왔습니다. 그것은 우리가 일상의 경험을 짜맞춰 구조화하는 근본적인 방법입니다. 그래서 나는 패턴을 만드는 것이 공간을 정의하는 가장 이상적인 방법일 거라고 생각합니다."

로빈은 2차원의 캔버스 위에 4차원 세계의 그림자를 나타냄으로써 4차원적 예술 작품을 창조한다. 그리고 못과 철사를 이용해 캔버스 위에 구조물을 증축해감으로써 효과를 한층 강화한다. 한마디로 2차원의 캔버스를 우리가 살고 있는 3차원 세계로 끄집어내는 것이다. 관람자에

:: 4차원 기하학을 활용한 작품을 그리기 위해 밑그림 작업을 하고 있는 토니 로빈.

게 '진정한' 4차원의 광경을 보여주기 위한 열쇠는 캔버스 위에 있는 패턴과 못과 철사의 패턴을 적절하게 결합하는 것이다. 그 상태에서 관람자가 이리저리 자리를 옮겨가며 여러 관점에서 캔버스를 바라보면 마치 4차원 세계에 있는 것 같은 느낌을 경험하게 된다. 물론 그런 효과를 제대로 불러일으키려면 4차원 세계에 대한 기하학을 확실히 이해해야 한다. 그리고 그것은 로빈이 수학, 즉 기하학으로 시작해야 한다는 것을 의미한다.

밴초프의 경우에는 컴퓨터가 열쇠를 제공한다. 인간과 달리 컴퓨터는 무제한의 차원을 가진 기호의 세계에서도 잘 돌아가기 때문이다. 오늘날은 누구든지 컴퓨터 가게에 가서 진열대 위에 놓여 있는 그래픽 프로그램을 사다 쓸 수 있다. 그러나 로빈이 4차원에 대한 예술적 탐험을 시작했을 때만 해도 그런 프로그램은 존재하지 않았다. 그는 학교로 되돌아가 자기가 직접 수학과 컴퓨터 프로그래밍을 배워서 필요한 소프트웨어를 만들 수밖에 없었다. "그것은 무척 힘든 일이었죠. 하지만 힘든 만큼 가치가 있었습니다. 그 과정에서 수학에 대해 정말로 많은 것을 배웠거든요."

로빈은 현실 세계를 탐구하고자 하는 예술가에게 컴퓨터는 빼놓을 수 없는 도구라고 생각한다. "나는 렌즈 이래로 컴퓨터만큼 위대한 발명품은 없다고 생각합니다. 렌즈는 멀리 떨어져 있는 대상을 가까이 볼 수 있게 해주었습니다. 그리고 우리가 본 것을 영상으로 남길 수 있게도 해주었죠. 한편 컴퓨터는, 존재한다는 사실은 알고 있지만 직접 볼 수는 없는 것들을 볼 수 있게 해줍니다. 컴퓨터는 4차원 기하학, 쌍곡기하학(hyperbolic geometry), 의사결정체기하학(quasi-crystal geometry), 프랙탈 기하학(fractal geometry) 등의 세계를 시각적인 영상물로 창조해냅니다. 이런 구조가 존재한다는 사실은 이미 알고 있었지만, 그것들을 실제로 볼 수 있게 해준 것은 컴퓨터였습니다."

:: 무제 20, 토니 로빈 작. 1978.

로빈 같은 화가가 우리에게 제공할 수 있는 경험은 얼마나 실제와 가까울까? 단지 수학에서 출발했다는 이유만으로 그의 창작품이 기하학이 정의하는 '진정한' 4차원의 세계를 표현한다고 말할 수는 없다. 따지고 보면 영화 제작자인 더그 트럼블 역시 컴퓨터 그래픽을 이용해 스크린상에 이미지를 만들어내지만, 밴초프와 달리 그는 순전히 상상의 세계만을 창조한다. 트럼블에게 수학은 하나의 목적을 위한 수단일 뿐이다. 다시 말해, 그에게 수학은 상상 속의 세계를 시각적인 영상으로 재창조할 수 있는 도구를 제공해줄 뿐이다.

반면 밴초프는 세계를 창조하지 않는다. 그는 이미 존재하는 세계, 이미 수학의 영역 내에 존재하는 세계를 탐험한다. 다른 수학자들처럼 밴초프 역시 4차원이 실제로 존재하는지에 대해서는 걱정하지 않는다. 그는 만일 4차원이 존재한다면 어떤 모양일지 수학을 이용해 기술할 뿐이다. 이것이 수학의 가장 매혹적인 성질에 속한다. 수학은 심지어 실제로 존재하지 않는 것이라 해도 그것이 어떻게 생겼는지 보여줄 수 있다.

트럼블과 밴초프의 중간 어딘가에 로빈이 있다. 그는 4차원의 수학적 실제 세계 탐험에 나섰다. 그러나 그는 그 세계를 해석하고 표현하는 데 자신의 예술적 능력을 사용하고 싶어한다. 그렇다면 로빈이 우리에게 보여준 세계가 진정한 4차원의 표상임을 어떻게 확신할 수 있는가? 로빈도 그 점에 문제가 있다는 사실을 인정한다. 그러나 그것이 4차원과 관련된 문제는 아니라고 주장한다. 우선 그 문제는 우리의 시각과 관련이 있다. "우리가 시각에 관해 무언가 오해하고 있다고 생각합니다. 우리는 눈이 저 밖에 있는 세계를 본다고 생각합니다. 그리고 그 과정은 객관적이며 자동적이라고 생각하죠. 사실 우리는 마음으로 보는 겁니다. 우리는 기하학을 실천하는 삶을 살아갑니다. 우리가 아는 기하학을 우리의 시각적 세계에 적용하는 그런 삶을 살아가는 것이죠. 만일 어떤 대상이 그 기하학에 들어맞지 않는다면, 우리는 그것을 보지 않습니다."

원근법을 넘어서

오늘날 수학자와 화가들은 밴초프의 컴퓨터 화면과 로빈의 캔버스를 넘어 더 멀리 나아가는 대모험을 시작하고 있다. 사람들은 가상현실의 테크놀로지를 이용해 4차원 이상의 세계를 볼 수 있게 되었을 뿐 아니라, 그 안을 날아다니며 모든 각도에서 그 세계를 검토함으로써 실감나게 경험할 수 있게 되었다.

미술 강사 샘 에드거튼은 이 새로운 발전에 대해 이렇게 얘기한다.

"르네상스 때 원근법을 발견한 화가들은 후원자들에게 끊임없는 성화를 들었겠죠. '좀더 극적인 그림을 보여줄 수 없겠나. 원근감이 좀더 확실하게 드러나는 작품을 보고 싶단 말이야.' 글쎄요, 우리는 이미 그 정도 수준을 훨씬 넘어서 있습니다. 오늘날 우리는 가상의 공간에 들어가 있는 셈입니다. 앞으로 우리가 그 세계를 통해 얼마나 멀리까지 나아가게 될지 도무지 짐작조차 할 길이 없군요."

마르코스 노박(Marcos Novak)은 에드거튼이 언급하는 분야의 선구자이다. 많은 사람들은 그를 '르네상스를 뛰어넘은 예술가'라고 부르곤 한다. 그러나 정작 노박 자신은 건축가라는 호칭을 더 좋아한다. 즉, 사람들이 생활하고 일하고 놀 수 있는 공간을 설계하는 사람으로 불리기를 원하는 것이다. 하지만 노박은 대개의 건축가와는 물론 다르다. 보통 건축가는 머릿속의 생각을 물리적인 3차원 구조물로 탈바꿈시킨다. 그러나 노박은 다차원적인 구조를 갖는 가상의 환경을 창조하는 데 관심을 집중하고 있다. 그런 세계는 결코 나무와 벽돌의 세계로 변환되지 않을 것이다. 그러나 경험할 수는 있다. 늘 발전하고 언제든 수정될 수 있는 그 세계는 노박의 용어를 빌리자면 '진행중인 세계'이다.

:: 마르코스 노박이 가상현실을 체험할 수 있는 특수 안경을 쓰고 자신이 창조한 고차원의 세계를 감상하고 있다.

특수 영상 안경을 쓰고 노박의 가상 우주로 들어가보라. 이전에 경험한 그 어떤 세계와도 닮지 않은 묘한 세계에 들어서 있는 자신을 발견하게 될 것이다. 4차원 하이퍼큐브의 3차원 그림자들을 헤치고 여행하면서 언제든 자유롭게 몸을 돌려 원하는 각도에서 그 하이퍼큐브를 바라보고 있는 자신을 발견하게 될 것이다. 또 다른 출입문을 열고 들어가보라. 또 다른 세계가 펼쳐질 것이다. 그 세계에는 하늘을 나는 생명체가 가득 차 있

∷ 이 복잡한 이미지는 마르코스 노박의 건축 조형물이다. 이 이미지를 창조하기 위해 노박은 3차원적 구조를 받아들여 먼저 4차원으로 변형한 뒤, 다시 3차원에 투사했다. 이렇게 함으로써 가상현실에서 볼 수 있는 영구적으로 변화하는 '유동체'의 형상을 창조했다. 노박은 기존 건축술의 한계를 깬 이런 설계 방식을 '전송건축(transarchitecture)'이라고 했다.

지만 그것들은 우리가 일상 세계에서 볼 수 있는 그 어떤 새와도 전혀 닮지 않았다. 이들 생명체는 자신들의 기하학적 날개를 퍼덕거리며 각양각색의 기하학적 모양을 선보인다. 농담 삼아 노박은 그 녀석들을 '낙원의 박쥐'라고 부르곤 한다.

노박은 말한다. "사람들이 간혹 내게 묻습니다. 왜 그런 이상한 것들을 만들어내느냐고 말이죠. 글쎄요, 만일 우리가 현실 세계를 그저 모방하려 한다면 결국엔 실패할 수밖에 없을 것 같습니다. 우리의 작업이 현실의 복제물을 만드는 데는 썩 뛰어난 편이 못되니까요. 그래서 나는 어떤 새로운 가능성의 세상을 찾아보려는 것입니다. 나는 아직까지 탐사한 적이 없는 광대한 구역을 창조하고 그 안으로 뛰어드는 모험을 시작했습니다. 그리고 확신합니다. 탐사가 끝나면 대단한 영감과 아름다움을 가지고 멋지게 귀환하리라는 것을 말이죠."

:: 이 컴퓨터 그림은 마르코스 노박이 설계한 4차원 건물이다. 이 구조물에는 전통적인 의미의 상하좌우 개념이 존재하지 않는다.

노박은 우리가 외부 세계를 경험할 때, 즉 보고, 만지고, 듣고, 냄새 맡고, 맛볼 때 우리 안에서 의식이 작용한다는 사실을 인정하고 출발한다. 세계는 바깥에 그대로 남아 있지만 그것에 대한 우리의 경험은 내적인 것이다. 사람들은 제 나름의 경험을 하게 된다. 또 우리는 상상의 힘을 통해 원하기만 하면 그 경험을 변형할 수 있다. 평범한 사물도 실제로 드러나는 방식과 조금씩 다르게 상상할 수 있는 것이다. 소설가, 특히 공상과학 소설가는 그런 경험을 다른 사람에게 전달하기 위해 언어를 사용한다. 노박은 그들보다 더 많은 일을 할 수 있다. 자신의 내적 경험인 상상의 세계를 수학의 언어로 바꿔 컴퓨터에 구현함으로써 다른 사람들도 생생히 경험할 수 있게 만드는 것이다. 노박은 이것이야말로 우리의 내적 자아가 서로 교감할 수 있는 완전히 새로운 방식의 대화법이라고 말한다.

노박은 말한다. "이렇게 주장할 수도 있을 겁니다. 우리의 의식 자체가 외부의 실제 공간을 반영하는 가상의 작은 공간을 마음속에 창조할 수 있는 능력에서 발현된다고 말이죠. 내가 하려는 작업은 내 의식 안에 자리잡고 있는 그 공간을 내 육체 밖에 있는 공적인 영역으로 끄집어내는 것입니다. 나는 그것을 끄집어내 다른 사람들과 공유할 수 있습니다. 그건 다른 사람들도 마찬가지입니다. 수학이 하는 일은 우리의 내적 세계를 타인과 공유할 수 있는 간명하고 정확한 방법을 제공하는 것이죠. 그렇게 할 수 있다는 사실이야말로 놀랍고도 아름다운 일이라고 생각합니다."

그리고 그는 다시 덧붙인다. "우리가 수학에 대해 결코 충분히 알 수는 없으리라고 생각합니다. 수학은 숫자에 대한 것이 아닙니다. 숫자는 산수의 대상일 뿐이죠. 수학은 구조에 관한 것입니다. 실현 가능한 구조에 관한 것이죠. 그리고 가상현실이란 그런 가능한 세계를 찾아가는 문제에 관한 것이라고 생각합니다."

> 대부분의 사람들은 건축술을 나무, 벽돌, 모르타르, 석재 같은 건축 재료와 관련시켜 생각합니다.
> **하지만 내가 하는 작업은 사전 정보가 없는 건축물을 건설하는 것이라고 말할 수 있지요.**
>
> 마르코스 노박 | 가상현실 세계의 건축가 |

자연의 패턴

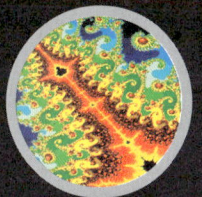

크고 작은 모든 생명체

표범의 얼룩무늬는 어떻게 생겨났을까

매듭으로 바이러스와 싸우다

꽃의 기하학

컴퓨터 안의 정글

:: 기록에 남아 있는 키가 가장 큰 사람은 로버트 웨이드로우(Robert Wadlow)로 2미터 72센티미터였다. 1936년 양복 재단사 솔 윈클먼(Sol Winkelman)이 새로운 양복을 맞춰주기 위해 그의 신체 치수를 재고 있다.

동물들은 왜 지금과 같은 몸집을 갖게 되었을까? 사람은 왜 3미터까지 자랄 수 없었을까? 말처럼 올라탈 수 있는 거대한 지네는 왜 존재하지 않을까? 그런 지네만 있다면 얼마나 효율적이겠는가. 한 번에 여러 사람을 태울 수 있었을 테니 말이다. 동물의 털가죽은 어떻게 종마다 독특한 그 나름의 패턴을 발달시킬 수 있었을까? 꽃과 식물은 어떻게 지금처럼 성장하는 법을 '알게' 되었을까? 동물과 식물 종은 정말로 어떻게 진화하게 된 것일까? 이것들은 모두 우리가 현재 살고 있는 세계에 대한 의문이다. 모든 의문은 우리가 쉽게 볼 수 있는 현상에서 출발해 결국에는 우리 눈에 보이지 않는 감추어진 것, 다시 말해 그런 현상이 생겨난 이유와 방법을 묻는다. 답을 찾기 위해 우리는 보이지 않는 것을 볼 수 있는 방법을 찾아야 한다.

앞 단원에서 우리는 어떻게 수학이 눈에 보이지 않는 상상의 산물을 다른 사람도 볼 수 있게 만드는지 살펴보았다. 이제부터는 어떻게 수학이 감추어진 자연의 비밀을 우리 눈앞에 드러내 보여줄 수 있는지 살펴볼 것이다.

예를 들어, 수학 없이는 점보 제트기가 어떻게 공중에 떠 있는지 이해할 수 없다. 우리 모두가 알고 있듯이, 밑에 떠받치는 것도 없이 커다란 금속 물체가 공중에 머무를 수는 없다. 그렇다면 머리 위로 날아가는 제트 비행기를 무엇이 떠받치고 있단 말인가? 우리 눈에는 아무것도 보이지 않는다. 무엇이 비행기를 공중에 머무르게 하는지 '보고' 싶다면 수학이 필요하다. 이 경우 눈에 안 보이는 것을 '보이게' 해준 것은, 18세기 초 다니엘 베르누이(Daniel Bernoulli)라는 수학자가 발견한 방정식이다.

비행에 대한 얘기를 조금 더 해보자. 비행기 말고 다른 물체의 경우 붙잡고 있던 손을 놓으면 땅에 떨어지는 이유는 무엇인가? '중력' 때문이라고 답할 수 있을 것이다. 그러나 '중력'이라는 것은 단지 그 원인에 붙인 이름일 뿐이다. 이름만으로는 진정한 원인을 이해하는 데 별로 도움이 되지 않는다. 게다가 그 원인은 눈에 보이지도 않는다. 어쩌면 마땅히 마술이라 불러야 하는 것인지도 모른다. 그 원인을 제대로 이해하려면 그것을 '보아야' 한다. 17세기 뉴턴이 운동에 관한 방정식으로 하려던 일도 바로 그것이다. 뉴턴의 수학은 눈에 보이지 않는 힘을 '볼' 수 있게 해주었다. 지구가 태양 주위를 계속 돌 수 있고 사과가 땅으로 떨어지는 것도 그 힘 때문이다.

여기에 또 다른 사례가 있다. 오늘날 사람들은 다른 나라에서 벌어지는 축구 경기의 영상과 음향을 자기 집 안에서 TV로 생생하게 즐길 수 있게 되었다. 그런 기적과 같은 일이 어떻게 가능해진 것인가? 한 가지 대답은 이른바 특별한 종류의 전자기 복사에 해당하는 전파가 영상과 음향을 전송한다는 것이다. 그러나 중력의 경우와 마찬가지로 '전파'도 단지 그 현상에 붙인 이름에 불과하다. 이 정도로는 그것을 '보는' 데 도움이 되지 않는다. 전파를 '보기' 위해서는 수학의 힘을 이용해야 한다. 지난 세기에 맥스웰의 방정식이 발견되지 않았다면 우리는 전파를 '볼' 수 없었을 것이다.

위의 사례들은 주로 물리적 세계에 감추어져 있던 법칙들을 드러내는 과정과 관련된 것이었다. 그리고 그것들은 모두 고전적인 수학의 적용 사례였다. 그와는 대조적으로 지금부터 이 단원에서 소개할 사례들은 모두 생명의 패턴을 발견하려는 탐구와 관련된 것이다. 그리고 그 패턴은 모두 새로운 것들이다. 이 작업은 아주 최근에 진행된 것들이어서 수학의 그런 새로운 응용 가능성을 선구적으로 밝혀낸 사람들 대부분이 오늘날에도 여전히 왕성하게 활동하고 있다. 이 단원에서는 그런 선구자 몇 명을 만나게 될 것이다. 그리고 지금까지 보이지 않던 살아 있는 세계의 패턴을 그들이 어떻게 우리 눈에 보이게 만들었는지 알게 될 것이다.

크고 작은 모든 생명체

생물학자 마이크 라바바라(Mike Labarbara)는 구닥다리 공상과학 영화를 즐긴다. 다른 많은 과학자들과 마찬가지로 그 역시 스크린상의 어떤 장면을 보고 무언가 새로운 아이디어를 떠올리는 경우가 종종 있다. 그러고 나면 줄거리를 따라가는 대신 영화 속에 숨어 있는 과학적인 내용을 궁금해 하기 시작한다. 그는 이런 자세가 당연하다고 생각한다. 그는 말한다. "진정으로 훌륭한 과학자가 되려면 꾸밈없는 생생한 호기심을 나이가 들어서도 계속 유지할 수 있어야 합니다. 그건 위대한 과학자가 지닌 중요한 특징이지요." 그렇기 때문에 과학자는 특정 장르의 영화를 관람할 때 거북함을 느낄 때가 있다고 그는 털어놓는다. 특히 영화가 해당 과학자의 전문 분야를 소재로 한 것일 때 더욱 그렇다. 라바바라의 경우에는 거대 생명체를 다룬 영화를 볼 때 그렇다. 이를테면, 군인들과 싸우는 거대한 메뚜기, 대도시를 습격하는 거대한 개미떼, 혹은 여자 주인공을 납치한 거대한 고릴라 킹콩이 등장하는 영화 등이다. 그것은 라바바라의 전문 연구 분야가 바로 동물의 크기와 체력이기 때문이다.

:: 이제는 고전이 된 1933년도의 한 영화에서 엠파이어스테이트 빌딩 꼭대기에 올라가 있는 킹콩.

동물의 모양과 크기는 각양각색이지만, 동물 종마다 그 몸집의 크기에 분명한 한계가 있다. 예를 들어, 영화에 등장하는 킹콩은 간단히 말해 존재할 수가 없다. 라바바라가 계산한 바에 따르면, 만일 고릴라 한 마리를 킹콩만하게 부풀린다면 몸무게가 1만 4,000배 이상 증가하는데 골격의 크기는 단지 몇백 배 정도만 증가한다. 한마디로, 킹콩의 뼈는 자신의 몸통을 지탱할 수 없으며, 결국 자기 몸무게에 깔려 압사하고 말 것이다!

거대한 메뚜기나 개미도 마찬가지다. 거대한 사람, 거대한 동물, 거대한 곤충 등 거대 생명체를 상상해보는 것은 흥미로운 이야깃거리는 될 수 있을지언정 과학의 법칙은 그런 거대 생명체가 탄생할 수 없음을 분명히 말해준다. 어떤 것이든 무작정 거대하게 만들 수는 없다. 크기를 바꾸고 싶다면, 전체적인 설계를 변경해야 한다.

그 이유는 아주 간단하다. 예를 들어, 고릴라의 키를 2배로 늘인다고 가정하자. 그러면 몸무게는 2의 세제곱인 8배 증가할 것이다. 그러나 뼈의 단면은 단지 2의 제곱인 4배 증가하는 데 그친다. 만일 고릴라의 키

자연의 패턴 | 69

:: 사각형을 3배 더 크게 만들려면 같은 크기의 사각형 9개가 필요하다. 입방체를 3배 더 크게 만들려면 같은 크기의 입방체 27개가 필요하다.

 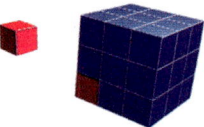 

를 10배로 늘인다면 몸무게는 10의 세제곱인 1,000배 증가할 것이다. 그러나 뼈의 단면은 단지 10의 제곱인 100배만 증가할 것이다. 정리하자면, 키를 특정 비율로 확대하면 몸무게는 그 비율의 세제곱만큼 증가하지만 뼈의 단면은 제곱만큼만 증가한다.

길이와 면적과 부피가 증가하는 과정에서 성립되는 이런 간단한 관계는 각설탕을 생각해보면 쉽게 이해할 수 있다(여기서 부피는 무게를 말한다. 부피는 얼마나 많은 재료를 사용했는지 말해주는 것이기 때문에 결국 무게는 부피에 의존하는 셈이다). 이를테면, 똑같은 크기의 각설탕을 여러 개 쌓아서 원래의 각설탕보다 3배 큰 '거대한' 각설탕을 만든다고 해보자. 단지 3배 더 큰 각설탕을 만드는 데도, 무려 27개의 각설탕이 필요하다! 새로운 입방체는 원래의 입방체보다 단지 너비만 3배 넓어서는 안 되기 때문이다. 그것은 깊이도 3배 더

깊어야 하고 높이도 3배 더 높아야 한다. 결국 3배 더 큰 입방체를 만들기 위해 총 3×3×3=27개의 입방체가 필요하다는 뜻이다.

반면에 그 거대한 각설탕의 단면에는 단지 9개(=3×3)의 입방체만 있으면 된다. 따라서 비록 단면이 높이보다는 빨리 증가하지만(각설탕의 경우 9배 더 빠르다) 그보다 훨씬 더 빨리 증가하는 부피, 즉 무게에

는 미치지 못한다(각설탕의 경우에 27배).

그러나 부피/무게의 증대와 단면의 증대 사이에 이런 엄청난 비율 차이가 있더라도, 만일 동물의 뼈가 매우 강력한 소재로 이루어졌다면 거대 생명체의 성장이 가능할지도 모른다. 그러나 과학자들이 최근에 발견한 바에 따르면, 사정은 그렇지 못하다. 실제로 인간을 비롯한 지구상의 모든 생명체는 몸을 움직이는 매 순간마다 몸 속의 뼈가 거의 부러질 지경에 이른다는 것이다. 라바바라의 설명은 이렇다. "포유류의 뼈와 근육은 뼈가 버틸 수 있는 최대 압력의 4분의 1 내지 3분의 1에 해당하는 압력을 늘 유지하도록 결합되어 있습니다. 그것은 다람쥐처럼 작은 동물에서부터 코끼리처럼 큰 동물에 이르기까지 모든 포유류에 일률적으로 적용됩니다."

라바바라는 어떤 공학자도 그렇게 낮은 안전 한계로 건물을 설계하지는 않을 것이라고 지적한다. "공학적 구조물은 포유류에서 흔히 볼 수 있는 그런 높은

> 앞으로 생물학에서
> 수학의 비중은 훨씬 더
> 커질 것입니다.
> 우리는 동식물이 어떻게
> 이뤄졌는지 이제 막
> 이해하기 시작한 셈입니다.
>
> 마이크 라바바라 | 생물학자 |

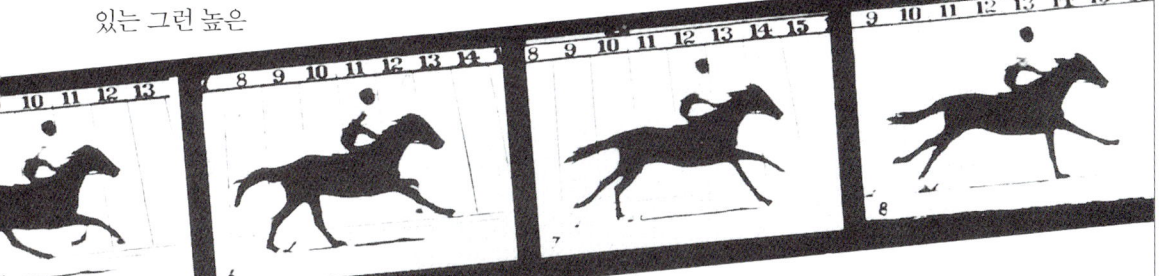

수준의 압력이 건물에 가해지지 않도록 설계하지요. 그렇지 않으면 언제 무너져버릴지 모르니까요." 그렇게 낮은 안전 한계 때문에 인간을 비롯한 여타의 동물들은 더 빨리 이동하고 싶을 때 움직이는 방법을 바꾼다. 그것은 뼈에 가해지는 압력을 감소시키려는 것이다. 라바바라는 수학의 도움으로 동물의 그런 몸동작을 분석하고 있다.

예를 들면, 라바바라는 말의 움직임을 주목하라고 말한다. 처음에 말이 걷기 시작할 때는 뼈에 압력이 거의 가해지지 않는다. 그러나 걸음이

:: 1878년 이드위어드 머이브리지(Eadweard Muybridge)가 발표한 〈움직이는 말(The Horse in Motion)〉. 그는 이 유명한 연속 사진을 통해 갤럽으로 달릴 때 말의 네 발이 모두 지면에서 떨어진다는 사실을 입증했다. 그 장면은 연속 사진의 세 번째 프레임에서 가장 분명하게 볼 수 있다.

빨라질수록 압력은 더 커진다. 그러다가 압력 수준이 파괴점(breaking point)의 30퍼센트 수준까지 올라가면 말은 곧장 이동하는 방법을 변경한다. 속보로 바꾸는 것이다. 그러면 즉시 뼈에 가해지던 압력 수준이 떨어지고, 뼈는 더 이상 부러질 위험에 처하지 않는다. 그러나 그 상태에서 이동 속도가 빨라지면, 압력 수준이 다시 상승하기 시작하고, 다시 치명적인 30퍼센트 수준에 근접한다. 그러면 말은 신속히 구보로 바꾼다. 다시 한번 압력 수준이 즉각 떨어지고 뼈에 대한 압박도 완화된다. 마침내 구보의 속도가 빨라져 압력 수준이 또 다시

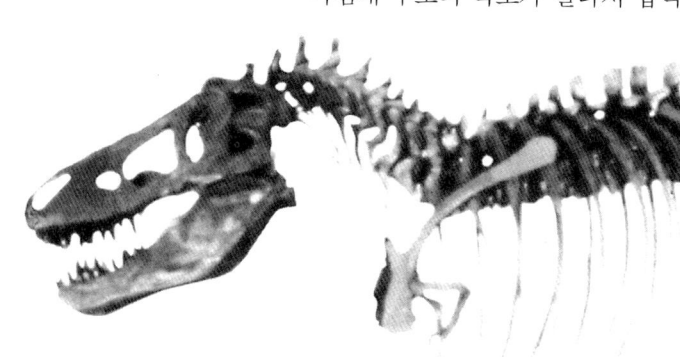

:: 한때 사람들이 생각했던 것처럼 만일 티라노사우루스가 직립 보행을 했더라면, 육중한 머리 무게 때문에 척추 뼈가 짜부라졌을 것이다.

30퍼센트 수준에 이르면, 말은 이동 방법을 갤럽(gallop)으로 바꾼다.

인간도 똑같은 패턴을 보인다. 걷기, 조깅, 러닝, 전력질주 순이다. 각각의 이동 방법에 따라 다리, 발, 그리고 신체의 움직임이 매우 달라진다.

라바바라는 말과 같은 동물의 움직이는 방법을 분석하고 설명하기 위해 수학적 모델의 도움을 얻는다. 여기서 수학적 모델이란 어떤 동작이나 현상을 수학의 언어로 기술해놓은 그래프와 방정식의 모음을 말한다. 이를테면, 달리는 말의 느린 화면을 연구하고 그 필름을 말의 실제 뼈와 신체 구조에 관한 실험 자료들과 비교함으로써 말의 이동 방

법에 대한 수학적 모델을 개발할 수 있다. 그는 여러 동물의 운동 모델을 비교함으로써 동물 운동에 관해 일반적인 결론을 내릴 수 있다. 즉, 일반적인 수학적 모델에 도달하는 것이다.

라바바라는 수학적 모델을 사용해 공룡처럼 이미 멸종된 생명체의 이동 방법에 대해서도 연구하고 있다. 이 경우에는 수학적 모델을 '거꾸로' 사용해야 한다. 즉, 움직이는 공룡의 필름을 전혀 갖고 있지 않으므로 공룡이 어떤 자세로 움직였을지를 역으로 밝혀내야 할 것이다. 이를 위해 고고학자들이 유적지에서 발굴한 뼈들을 짜맞춰 완성한 공룡의

골격과 체형에 대한 실험 자료들을 가지고 작업에 착수한다. 그리고 그 자료에 자신의 수학적 모델을 적용해 이동 방법을 추론해낸다. 물론 '30퍼센트의 법칙'을 가정하고서 말이다.

:: 쥐라기 시대의 공룡들을 그린 이 그림은 공룡이 걷고 달릴 때 몸통을 지탱하는 방법에 대한 가장 최근의 가설을 묘사하고 있다.

자연의 패턴 73

라바바라는 이 기법을 사용해 티라노사우루스를 연구한다. "티라노사우루스의 움직임은 새처럼 민첩하지만, 여러모로 볼 때 포유류에 훨씬 더 가깝습니다. 이동 중 다리로 몸을 지탱한다는 점에서 말이죠."

그는 수학의 힘을 통해 공룡이 지구를 어슬렁거리던 시대를 확실히 되돌아볼 수 있으리라고 생각한다. "수학은 그런 동물들을 이해하는 방법에 변화를 일으키고 있습니다. 그래서 그런 동물들의 사냥법과 생활양식에 대해서도 기존의 생각들이 바뀌고 있는 겁니다. 수학에 대해 더 많은 것을 알게 될수록 더 심오한 것들을 보게 될 겁니다. 그리고 잠재해 있는 구조와 아름다움을 더 많이 끄집어낼 수 있게 될 겁니다."

표범의 얼룩무늬는 어떻게 생겨났을까

옥스퍼드 대학교의 수학 교수인 제임스 머레이는 자신의 어린 딸이 표범은 어떻게 점박이가 되었느냐고 물었을 때 답을 알지 못했다. 옥스퍼드에 있는 동료 과학자들도 마찬가지였다. 그것이 30년 전의 일이었다. 그리고 이제 미국 시애틀의 워싱턴 대학으로 자리를 옮긴 머레이는 드디어 그 문제에 대해 한 가지 그럴듯한 설명을 찾아냈다.

그것은 화학의 문제가 아니었다. 오래 전부터 과학자들은 피부 착색 현상이 피부 표층 바로 아래 세포에서 생성되는 멜라닌이라는 물질 때문에 발생한다는 사실을 알고

:: 왼쪽은 표범의 가죽 사진이고 오른쪽은 쿠거의 가죽 사진이다. 제임스 머레이는 이렇게 매우 유사하면서도 한편으로는 전혀 다른 두 패턴이 도대체 어떻게 생겨난 것인지 궁금해 했다.

있었다. 그런데 문제는 이것이다. 세포가 특색 있는 패턴의 형태로 멜라닌을 생성하는 이유는 무엇인가? 이를테면, 어떤 동물은 점박이로 만들고 또 다른 동물은 줄무늬로 만드는 이유가 대체 무엇이란 말인가?

머레이는 수학적인 답을 발견했다. 라바바라가 동물의 운동에 관해 수학적 모델을 구성했던 것처럼, 머레이도 동물의 피부가 멜라닌을 생성하는 과정에 대한 수학적 모델을 개발했다. 다만 라바바라의 모형이 물리학에 기반을 둔 것인 반면, 머레이의 모형은 화학에 의존한다. 즉, 확산 작용과 화학 반응을 지배하는 법칙들에 의존하는 것이다.

머레이는 특정한 화학물질이 세포를 자극해 멜라닌 생성을 촉진할 것이라는 가정에서 출발했다. 이 가정에 따르면, 눈에 보이는 피부 얼룩의 패턴은 단지 피부 안쪽에 있기 때문에 우리 눈에 보이지 않는 화학적 패턴의 반영일 뿐이다. 그 화학물질이 고도로 농축되면 멜라닌 착색 작용을 일으킨다. 농축의 정도가 낮으면 대체로 착색되지 않는다. 결국 그 화학물질이 멜라닌을 '자극해' 색깔을 띠게 만들고, 그 결과 피부에 가시적인 얼룩 패턴이 나타나는 것이다. 그렇다면 멜라닌 유발 물질이 일정한 패턴으로 밀집하는 이유는 무엇인가? 이것이 바로 머레이가 본격적으로 다뤄야 할 구체적인 의문이었다.

그는 이른바 반응·확산계(reaction-diffusion system)에서 그 답을 찾았다. 반응·확산계는 동일 용액(즉, 동일한 피부) 안에서 둘 이상의 화학물질이 반응하고 확산하면서 그 구역의 통제권을 놓고 서로 싸우는 것을

> 생물학 분야에서 일하는 수학자가 된다는 것은 정말로 흥분되는 일이더군요. 양치류나 나무의 껍질을 보고 그것이 어떻게 생겨난 것일까 궁금해 하지 않는다는 건 무척이나 어려운 일이지요. 왜 그렇게 생겼을까? 세상에는 답을 꼭 알고 싶은 의문들이 너무 많습니다.
>
> 제임스 머레이 | 수학자 |

말한다. 반응·확산계는 1950년대에 수학자들이 이론적인 아이디어의 형태로 처음 제안했고, 화학자들이 실험실에서 관찰한 것은 그로부터 한참 뒤의 일이다. 오늘날에도 여전히 이 문제는 실험실의 화학자들보다 수학자들이 이론적인 방식으로 더 많이 연구하고 있다.

자신이 원하는 모델을 얻기 위해 머레이는 피부에서 두 종류의 화학물질이 생성된다고 가정했다. 하나는 멜라닌의 생성을 자극하는 물질이고 다른 하나는 그 효과를 억제하는 물질이다. 더 나아가 그는 자극성 화학물질의 생성이 억제 작용을 하는 물질의 생성을 촉진한다고 가정했다. 이런 시스템에서 원리상 자극 물질은 억제 물질의 '방파제'에 둘러싸인 '섬'의 형태가 될 수 있다. 그래서 멜라닌 '얼룩' 무늬가 생겨난 것이다. 이것이 바로 그의 딸이 궁금해 했던 '어떻게'에 대한 답이었다.

이를테면, 억제 물질이 자극 물질보다 더 빠르게 확산된다고 가정해보자. 만일 자극 물질이 농축되어 억제 물질의 생성을 촉진한다면, 빠르게 확산되는 억제 물질은 그보다 확산 속도가 느린 자극 물질을 빙 둘러싸 더 이상 퍼지지 못하게 할 것이다. 그렇게 억제 물질에 완벽하게 포위된 채 갇혀버린 자극 물질은 '점'이 된다.

머레이는 이 과정을 다음의 시나리오에 비유한다. 매우 건조한 숲을 한번 상상해보라. 숲에는 산불 위험에 대비해 헬리콥터와 화재 진압 장비를 갖춘 소방대원이 배치되어 있다. 화재(자극 물질)가 발생하면 소방대원(억제 물질)은 즉각 작전을 개시한다. 그들은 헬리콥터를 타고 이동하기 때문에 산불이 번지는 속도보다 더 빨리 이동할 수 있다(억제 물질이 자극 물질보다 더 빨리 확산된다). 그러나 산불이 너무 강력해서 (자극 물질의 고농축 현상) 소방대원은 불을 최초의 발화 지점에만 묶어둘 수 없다. 그래서 그들은 빠른 기동력을 활용해 불보다 앞질러가서 화재 방지용 화학물질을 전방의 나무에 미리 분사해놓는다. 불은 화학물질을 뒤집어쓴 나무에 도착하고 나면 더 이상 확산되지 않는다. 공중에서 보면, 불에 탄 부분은 화학물질이 분무된 나무의 푸른 띠에 빙 둘러싸인 검은 자국처럼 보일 것이다. 그리고 그 띠 너머 나머지 숲은 녹음을 유지할 것이다.

이제 산불이 숲 전체에 걸쳐 동시다발적으로 발생한다면 어떻게 될지 상상해보라. 화재가 진압된 숲을 공중에서 보면 불에 탄 지역과 멀쩡한 지역이 뒤섞여 있는 검은 얼룩의 패턴을 드러낼 것이다. 화재가 충분한 거리를 두고 발생했다면, 공중에서 본 패턴은 녹색의 바다에 검은 점들이 떠 있는 꼴이 될 것이다. 반면에 불이 소방대의 진압보다 더 빨리 확산되어 근접해 있는 화재들이 하나로 합쳐진다면, 또 다른 패턴이 될 것이다. 실제로 어떤 패턴이 드러날지는 다양한 요인을 검토해보아야 제대로 알 수 있다. 특히 최초의 화재 발생 건수와 화재간의 상대적 위치, 그리고 화재와 소방대원간의 상대적 속도(즉, 반응·확산 속도)가 중요한 요인이 될 것이다.

머레이가 흥미를 가진 부분은, 최초의 화재 발생 패턴이 무작위적일 경우 어떤 패턴이 생길 수 있는가 하는 것이었다. 그때 서로 다른 '반응·확산 속도'는 최종적인 패턴에 어떻게 영향을 미치겠는가? 좀더 구체적으로 말하자면, 그 속도가 어떻게 영향을 미치기에 처음엔 무작위적이던 화재의 패턴이 나중에는 얼룩이나 띠와 같은 규칙적인 패턴으로 변모하는 것일까?

이 부분에서 수학이 개입한다. 화학자와 수학자는 화학물질이 반응하고 확산하는 방식을 방정식으로 기술할 수 있다. 그것은 편미분방정식이라는 특별한 종류의 방정식으로 미적분학에서 사용하는 기법과 관련이 있다.

첫 번째 단계에서 머레이는 규칙적인 피부 패턴으로 이어질 수 있는 가장 손쉬운 경우를 다루어보았다. 즉, 각기 다른 속도로 확산하고 반응하는 단 두 종류의 화학물질만 존재하는 상황을 가정한 것이다. 그렇게

:: 머레이는 컴퓨터 모델의 방정식을 바꿈으로써 동물 꼬리의 얼룩무늬를 줄무늬로 변환할 수 있다는 사실을 발견했다.

가정하고 방정식을 작성한 다음의 문제는 전적으로 수학이 해결했다. 자신의 모델을 컴퓨터에 입력한 머레이는 그 방정식을 화면상의 이미지로 전환할 수 있었다. 이미지는 반응하는 화학물질들이 확산되어가는 방식을 보여주었다. 그의 수학적 모델은 놀랍게도 단 두 종류의 화학물질만으로 동물의 가죽에서 볼 수 있는 것과 매우 유사한 분포 패턴을 만들어냈다.

이것은 머레이가 거둔 첫 번째 성공이자, 반응·확산계의 연구를 통해 딸의 궁금증을 풀어줄 수 있으리라 생각했던 애초의 직감을 확인시켜준 발견이었다. 그러나 여기서 끝난 것이 아니다. 머레이의 계속된 연구는 전혀 예상치 못한 놀라운 사실을 밝혀내기에 이르렀다.

머레이는 이 방정식에서 피부의 넓이와 모양에 해당하는 값을 바꾸면 전혀 다른 종류의 패턴들이 생겨난다는 사실을 발견했다. 피부 면적을 아주 작게 하면 패턴이 전혀 생기지 않았다. 면적을 조금 크게 하면 줄무늬, 작

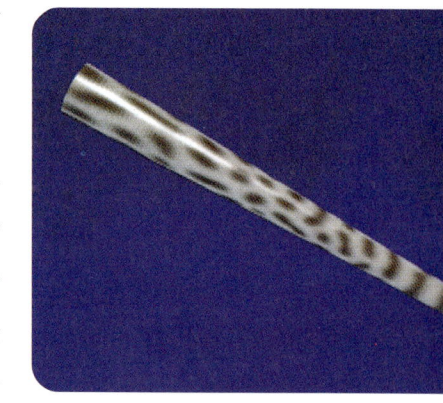

은 얼룩, 큰 얼룩 등의 패턴이 생겨났다. 그것들은 마치 표범 꼬리의 줄무늬, 얼룩말의 줄무늬, 치타의 약간 작은 얼룩무늬, 기린의 약간 더 큰 얼룩무늬 등을 연상시켰다. 면적을 아주 크게 하면 아주 작을 때와 마찬가지로 전혀 패턴을 얻지 못했다.

이번에는 얼룩이 생겨날 수 있을 만한 크기로 피부의 전체 면적을 고정한 뒤, 피부의 모양을 아주 가늘고 길게 변형시켜보았다. 그 결과 이 조건에서는 늘 줄무늬가 생겨난다는 사실을 발견했다. 바꾸어 말하면, 그의 방정식은 동물의 피부 부위가 아주 가느다랄 경우 얼룩무늬가 생

기지 않고 줄무늬가 생기리라는 사실을 보여준 것이다. 다시 말해, 동물의 세계에서 줄무늬 꼬리를 가진 얼룩무늬 동물은 볼 수 있지만, 결코 얼룩무늬 꼬리에 줄무늬를 한 동물은 찾아볼 수 없다는 뜻이다. 이것은 우리가 자연에서 발견하는 사실과 정확하게 부합한다. 표범과 치타는 줄무늬 꼬리를 가진 얼룩무늬 동물의 훌륭한 예다. 머레이의 간단한 방정식은 경이롭게도 실제로 발생하는 피부 패턴의 조합 유형을 제대로 예측하고 있었던 것이다.

머레이의 수학적 모델은 매우 단순한 하나의 메커니즘이 수많은 동물에서 흔히 보는 여러 가지 얼룩무늬를 모두 산출할 수 있음을 보여준다. 머레이가 다른 유형의 패턴을 얻기 위해 한 일은 그 방정식에서 패턴이 생겨날 부위의 크기와 모양에 대응하는 값을 바꾼 것뿐이었다.

자신의 모델이 실제적인 현상을 반영한다고 생각한 머레이의 다음 질문은 생물학적인 것이었다. 서로 다른 동물 종마다 서로 다른 종류의 패턴이 형성되는 이유는 무엇인가? 예를 들면, 왜 표범은 얼룩무늬이고, 호랑이는 줄무늬인가? 표범과 호랑이는 크기와 체형이 대체로 비슷하기 때문에 그 답은 다 자란 성체에서는 찾을 수 없었다. 머레이는 틀림없이 그 답이 동물의 태아 발달기와 관련 있을 것이라고 추론했다.

좀더 정확히 말해, 머레이의 모델이 제시하는 바와 같이 패턴의 종류가 피부의 크기와 모양에 달려 있다면, 결국 패턴의 상이성은 그 동물의 초기 성장 과정에서 발생한 화학반응의 결과일 수밖에 없다. 즉, 성장한 동물에서 보이는 패턴은 화학반응이 시작될 때 태아의 크기와 모양에 의존할 것이다.

> 생물 의학에서 수학의 역할은, 이를테면 또 다른 질문을 던지거나 가설을 세우기 위해 사용하는 정교한 실험실 도구와 같습니다.
>
> 제임스 머레이 | 수학자 |

그 방정식에 의하면, 그 과정이 시작될 때 태아의 크기에 따라 생겨나는 패턴도 달라진다. 태아가 클수록 패턴은 무패턴에서 줄무늬로, 줄무늬에서 얼룩무늬로 바뀐다. 그러다 그 크기가 일정 한도를 넘어서면 다시 무패턴으로 돌아간다.

예를 들면, 생쥐의 경우 태아가 아주 작을 때 화학 작용이 일어난다면 어떤 패턴도 생길 수 없다. 얼룩말의 경우에는, 1년의 수태 기간 중 첫 4주 동안 태아가 긴 연필 모양을 하고 있다. 머레이의 수학적 모델은 만일 화학반응이 그 시기에 일어난다면 줄무늬 패턴이 생겨날 것임을 예측한다.

다른 경우도 예측해보자. 사향고양이의 태아는 수태 기간 내내 길고 가는 꼬리를 갖는다. 결과적으로 그 동물의 꼬리는 온통 줄무늬다. 표범의 꼬리는 태아가 성장하는 동안 대개 짧고 뭉뚝한 모양을 한다. 결과적으로, 꼬리가 가늘어져서 오로지 줄무늬만을 갖게 되기 전에 일찌감치 얼룩무늬가 꼬리를 따라 형성될 것이다.

매우 흥미로운 얘기들이다. 그러나 이 얘기들이 다 맞는 것일까? 머레이의 모델은 현실 세계의 모습에 잘 들어맞는가? 아직까지는 확실치 않다. 우리가 알고 있는 것은 반응·확산에 관한 그의 수학적 방정식이 자연에서 보는 피부 패턴의 유형과 상통한다는 것뿐이다. 더구나 지금까지 이보다 더 나은 대안을 제시한 사람은 아무도 없다. 자연은 대체로 효율성을 선호한다고 믿는 머레이에게 그의 모델이 지닌 극단적인 단순성은 매우 시사적이다. "단일한 메커니즘이 모든 포유류에서 발견되는 모든 종류의 외피 패턴을 만들어낼 수 있다는 생각만큼 효율적인 것이 어디 있을까요."

머레이는 자신의 수학적 모델이 자연의 실제 현상에 정말로 대응하는 것으로 밝혀질지 여부를 떠나, 수학을 이용해 표범이 어떻게 그런 얼룩무늬를 갖게 되었는지 설명하고자 한 자신의 시도가 매우 자연스러운

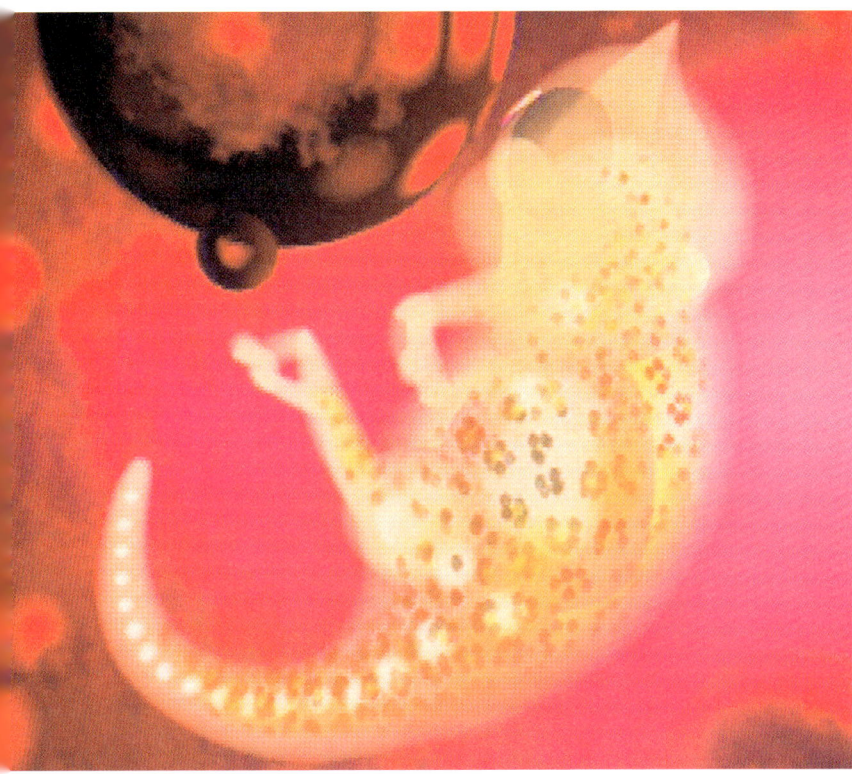

:: 표범의 태아가 얼룩무늬를 발달시키고 있는 모습을 컴퓨터로 처리한 동영상 화면.

일이라고 생각한다. 그는 생물학에서 수학의 유용성을 이렇게 평가한다. "어쩌면 이 분야의 수학이 앞으로 가장 빨리 성장하고 가장 흥미로운 수학 분야가 되지 않을까 생각합니다."

또한 그는 말한다. "수학은 어떤 사람들이 생각하는 것처럼 신비로운 것이 아니죠. 그건 단지 말하는 방식일 뿐입니다."

"수학이란 정말 상상력이 흘러넘치는 분야입니다."

매듭으로 바이러스와 싸우다

제임스 머레이는 수학을 생물학에 응용하는 방법을 알게 된 수많은 과학자 중 한 명일 뿐이다. 또 다른 최근의 응용은 바이러스와의 전쟁에서

이루어지고 있다.

수학자들이 매듭 이론을 처음 발전시킬 무렵인 19세기 중반은, 과학자들이 인간을 괴롭히는 수많은 질병의 원인으로 바이러스의 존재를 확인하기까지 아직도 50년의 시간을 더 기다려야 할 때였다. 그렇지만 단순한 호기심에서 탄생한 다른 수학 이론들의 발전 과정에서 심심찮게 보듯이, 매듭에 대한 수학 이론의 경우에도 나중에야 그 이론이 바이러스를 이해하고 정복하려는 생물학자들의 연구에 강력한 수단을 제공한다는 사실을 알게 되었다.

매듭 이론은 여러 측면에서 추상적인 패턴을 연구하는 학문으로서의 수학에 대한 훌륭한 본보기이다. 첫째, 매듭은 분명히 서로 다른 패턴으로 나타난다. 즉 서로 다른 종류의 매듭이 존재하는 것이다. 외벌매듭, 8자형매듭 등. 게다가 매듭의 구분은 그 매듭의 소재와는 아무런 관련이 없다. 이를테면 실, 밧줄, 전기 케이블, 정원용 호스, 목걸이, 양말, 머리채 등으로 얼마든지 '동일한' 매듭을 만들 수 있는 것이다. 특정한 매듭의 특징적인 측면, 즉 한 매듭을 다른 매듭과 구분짓는 특징은 매듭의 패턴, 즉 매듭이 꼬여 있는 방식이다.

대체로 특정한 매듭을 잘 들여다보면 그 매듭의 패턴을 알 수 있다. 그러나 달리 생각해보면, 우리는 단지 그 매듭의 한 가지 특별한 '모습', 즉 그 매듭을 표현하는 한 가지 방식을 보고 있는 것뿐이다. 밧줄 하나로 외벌매듭을 묶되 그것을 서로 다른 방식으로 드러나게 하는 경우를 상상해보라. 느슨하게 묶을 수도 있고, 단단하게 조일 수도 있다. 한쪽은 큰 고리로 다른 한쪽은 꽉 조인 고리로 묶을 수도 있으며, 흔히 볼 수 있는 부드러운 곡선의 형태가 아니라 밧줄을 곧게 만들어 모서리를 전부 각지게 할 수도 있다. 그렇더라도 사람들은 각각의 매듭을 모두 같은 밧줄로 묶은 같은 매듭, 즉 외벌매듭임을 인정할 것이다. 각각의 경우마다 각기 다른 모습으로 보이겠지만, 그것은 동일한 '매듭'이다. 이를 통해 알 수 있듯이, 매듭의 패턴 자체는 실제로 우리가 보는 것보다 훨씬 더 추상적이다.

어떤 방식으로 매듭의 패턴에 대한 수학적 연구에 착수할 것인가? 우선, 추상적인 패턴을 표현하는 몇 가지 표준적인 방식에 동의해야 한다. 한 가지 방법은 기하학에서처럼 간단한 선(線) 도형을 이용하는 것이다. 매듭의 경우에는 선의 모양이 중요하지 않다. 부드러운 곡선이어도 좋고 각진 직선이어도 상관없다. 혹은 곡선과 직선이 뒤섞인 어떤 중간 형태일 수도 있다. 문제는 선이 위아래로 어떻게 지나가느냐에 달려 있다. 도형에서 선이 겹칠 때 한 선의 밑으로 지나가는 다른 선은 점선으로 표현할 수 있다.

이런 식으로 매듭 도형의 분석을 시작하기 전에, 먼저 수학자들이 합의해야 할 기술적인 조건이 하나 있다. 즉, 일단 줄로 어떤 매듭을 짓고 나면 그 줄의 양끝을 묶어 고리를 만들어야 한다는 것이다. 줄의 양끝을 묶으면 매듭이 풀리는 것을 방지할 수 있다. 이 경우 매듭을 푸는 유일한 방법은 줄을 잘라버리는 것뿐이다. 이런 조건을 통해 수학자들은 단지 다르게 보일 뿐인 두 개의 매듭과 실제로 다른 두 개의 매듭을 구분

:: 여러 가지 매혹적인 형태의 매듭. 이것들은 매듭을 '묶을 수' 있는 가능한 방법 중 극히 일부에 지나지 않는다.

:: 위쪽은 '개방' 형태의 삼엽형 매듭과 '밀폐' 형태의 삼엽형 매듭이고, 아래쪽은 각각 개방형과 밀폐형의 8자형매듭이다.

할 수 있는 공식적인 방법을 갖게 된다. 줄의 양끝을 묶은 매듭은 줄을 자르지 않고서는 다른 매듭으로 조작할 수 없기 때문에 다른 매듭과는 분명히 다르다고 말할 수 있다. 만일 끝을 묶지 않는다면, 어떤 매듭이든 다른 매듭으로 바뀔 가능성이 있는 셈이다. 매듭을 풀어 다른 매듭으로 다시 만들면 되기 때문이다. 수학자들은 매듭 이론에서 그런 식의 조작이 '불공정'한 수법이라는 사실에 동의한다. 그리고 아예 끝을 묶어 버림으로써 그런 수법의 여지를 미연에 방지하는 것이다.

수학자들은 매듭 도형을 조사함으로써, 형성 가능한 서로 다른 종류의 매듭들을 분석할 수 있게 되었다. 그런데 어느 정도까지는 이런 식의 접근이 유익했지만, 곧 두 가지 문제점이 나타났다. 첫째는, 매듭 도형이 상대적으로 작은 매듭, 다시 말해 도형으로 표현할 수 있는 매듭의 경우에만 유용하다는 것이다. 결국, 도형의 분석을 통해서는 '가능한 모든 매듭'에 대해 논의할 수 없다. 두 번째는 선이 겹쳐지는 횟수가 다섯 내지 여섯 번 이하인 아주 간단한 매듭을 제외하고는 두 개의 매듭 도형이 정말로 다른 매듭인지를 확인하기 어렵다는 것이다. 매듭에 관한 한 겉모습은 매우 속기 쉽다.

예를 들면, 뒤엉킨 목걸이를 풀려고 애써본 적이 있는 사람은 그것이 매우 짜증나는 일임을 기억할 것이다. 그런데 그 목걸이는 죔쇠로 단단하게 조여놓은 것일 뿐 진짜 매듭이 아닐 수도 있다. 그것을 그대로 서

랍 속에 두었다면, 그것은 계속 그 상태로 있어야 한다. 누군가 그 줄의 죔쇠를 풀고 매듭을 엮은 다음 다시 죔쇠를 조여놓지 않았다면 말이다. 우리 눈에 보이는 뒤엉킴 자체가 매듭을 만드는 것은 아니다. 그건 단지 매듭처럼 보일 뿐이다!

수학자들은 매듭에 대한 좀더 폭넓은 연구를 수행하기 위해 다른 표기법을 개발해야 했다. 즉, 대수학적 표기법이다. 그것은 17세기에 데카르트가 기하학을 대수학으로 환원하는 방법을 보여주었을 때 취했던 단계와 비슷하다.

1920년대, J. W. 알렉산더라는 한 수학자가 대수학을 이용해 줄이 자신의 위아래로 오가며 휘감겨 매듭이 되는 과정을 기술하는 방법을 보여주었다. 이것은 매우 참신한 대수학의 응용이었다. 그로 인해 매듭에 대한 우리의 이해는 중대한 발전을 이루었다. 컴퓨터에 대수를 처리하는 프로그램을 실현할 수 있기 때문에, 수학자들은 이제 매듭의 연구에 컴퓨터까지 사용할 수 있게 된 셈이다.

매듭 이론을 바이러스 연구에 응용할 수 있다는 사실은 이 주제와 관련해 1980년대 초부터 시작된 최근의 발전이 이룩한 발견이다. 수학자 데빗 섬너스와 생물학자 실비아 슈펭글러는 수학과 생물학이 공동으로 참여하는 한 합동 연구 프로젝트에서 처음 만났다.

슈펭글러가 주장한다. "바이러스는 오랜 세월 동안 다른 생명체로부터 양분을 취해가며 발달해왔습니다. 우리는 식물에서 양분을 취하는 바이러스를 알고 있고, 박테리아로부터 양분을 취하는 바이러스도 알고 있습니다. 또한 말, 돼지, 원숭이, 인간 등과 같은 동물로부터 양분을 취하는 바이러스도 잘 알고 있습니다."

수없이 많은 종류의 바이러스가 존재하지만, 그나마 모든 바이러스가 대체로 동일한 행동 방식을 갖고 있다는 사실이 과학자들에게는 행운인 셈이다. 세포에 도달한 바이러스는 곧장 세포 안으로 침투한다. 그

> 수학이 얼마나 많은 연결 고리를 만들어주며, 얼마나 많은 번뜩이는 아이디어를 제공하는지 알고 나면 깜짝 놀라게 됩니다.
>
> **실비아 슈펭글러** | 생물학자 |

:: 오른쪽의 컴퓨터 동영상은 세포에 침입한 바이러스가 어떻게 통제권을 획득하는지 보여준다. 첫 번째 프레임에서 바이러스는 특정 세포의 세포벽에 접근한다. 두 번째 프레임에서는 세포 속으로 침입하여 DNA를 뚫고 들어간다. 세 번째와 네 번째 프레임에서는 DNA와 융합한다. 그 뒤 바이러스는 세포에게 자신을 수없이 복제할 것을 명령한다. 그리고 마지막 프레임에서 세포는 파열되고 복제된 바이러스들은 밖으로 방출되어 수많은 인근 세포들에서 동일한 과정을 반복한다.

리고는 그 세포의 DNA를 변형시킬 수 있는 효소를 생성해낸다. 그렇게 DNA를 변형시킨 바이러스는 이제 그 세포를 통제할 수 있게 된다. 통제권을 장악한 바이러스는 세포에게 명령을 내려 파열되기 전까지 계속 바이러스를 복제하라고 지시한다. 그리고 복제된 바이러스를 인접 세포로 전파한다. 이런 방식으로 바이러스의 숫자가 늘어난다.

슈펭글러의 계획은 바이러스가 다른 세포의 DNA 안으로 침투하는 첫 번째 단계를 차단함으로써 바이러스의 확산을 막으려는 것이다. 그녀는 말한다. "만일 침투 단계가 어떻게 이루어지는지 이해할 수 있다면, 그리고 특정한 바이러스에게 DNA의 통제권을 쥐어주는 효소가 무엇인지 확인할 수만 있다면, 우리에게도 하나의 확실한 목표가 생기는 겁니다. 즉, 바이러스의 침투를 애초에 차단하는 방법을 찾는 것입니다."

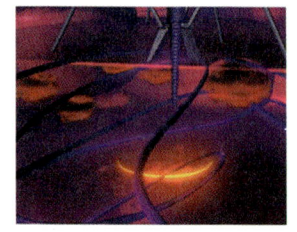

DNA 분자는 길고 가는 사슬 모양이며, 세포 안에 쏙 들어가기 위해 똘똘 감겨 있다. 침투한 바이러스가 생성하는 효소는 DNA가 매듭을 짓도록 만들어 결과적으로 DNA 분자의 특정 마디들이 가까이 모이게 만든다. 그리고 바이러스는 아주 다른 분자를 만들기 위해 마디들을 바꾸고 수정한다. 예를 들면, 슈펭글러가 연구하고 있는 바이러스 중 하나

는 목표물인 DNA 분자를 삼엽형(三葉形) 매듭으로 묶는다. 그것은 세 번 가로질러 묶는 매듭이다.

섬너스는 실험실 밖에서 순수 수학의 기법을 이용해 슈펭글러가 전자 현미경으로 들여다본 매듭을 분석한다. 미시적인 크기 이하의 바이러스를 다루는 두 사람은 수학의 매듭 이론을 이용해, 보이지 않는 것을 볼 수 있게 만들려고 노력하고 있는 셈이다.

섬너스는 말한다. "바이러스와 싸우는 것은 끊임없는 전쟁입니다. 이 전투에서 이기려면 쓸 수 있는 방법은 무엇이든 다 써봐야 합니다. '적을 알라'는 얘기도 그런 의미로 받아들여야 합니다. 그들에 대해 알게 되는 모든 것은 곧바로 그들과의 싸움에 활용할 수 있기 때문입니다."

오늘날 매듭 이론은 바이러스와 맞서 싸우는 데 사용하는 주무기 중 하나이다. 순수하게 지적 호기심에서 시작해 150년의 세월이 지나서야, 매듭 이론이 지독한 질병과의 싸움에서 중대한 역할을 할 수 있다는 사실을 발견한 것이다.

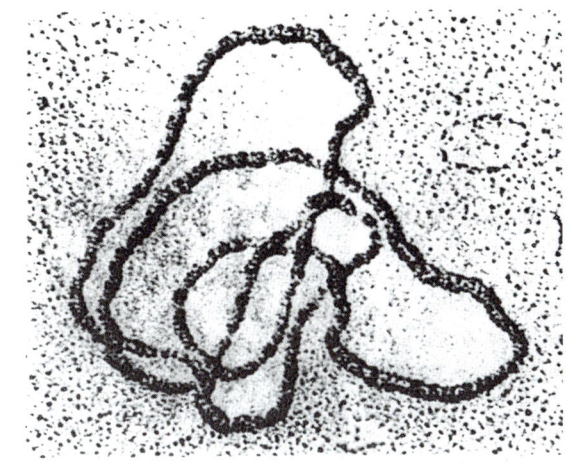

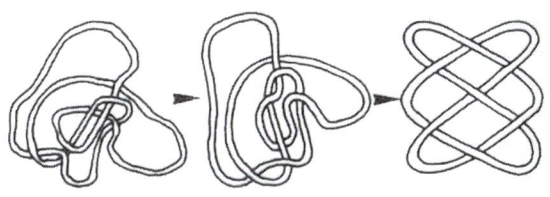

:: 위의 사진은 바이러스가 매듭지어 놓은 DNA 분자를 전자 현미경으로 찍은 사진이다. 아래쪽은 그 DNA 매듭을 푸는 방법으로, 이 매듭이 스스로를 일곱 번 가로지르는 이중 삼엽형 매듭임을 확인해주는 그림이다.

꽃의 기하학

공룡이 몸을 움직이는 방법, 동물의 피부에 생기는 얼룩무늬와 줄무늬 패턴, DNA 분자에 매듭을 묶는 바이러스 등 큰 것에서 작은 것에 이르기까지 수학은 우리가 생명체의 세계를 더 잘 이해할 수 있도록 도와준다. 또한 수학은 또 다른 생명의 세계, 즉 식물의 세계를 이해하는 데도 큰 도움을 줄 수 있다.

예를 들어, 우리는 꽃의 모양을 보통 어떻게 설명하는가? 데이지의 경우에는 '둥글다'고 말할 수 있을 것이다. 그렇다면 원에 대한 어떤 수학적 기술이 데이지의 모양에 대해 설명해줄 것이다.

원을 설명하는 한 가지 방법은 '한 점에서 같은 거리에 있는 모든 점의 집합'이 될 것이다. 한 점은 원의 중심이고, 같은 거리는 반지름을 가리킨다. 이것은 컴퍼스를 이용해 원을 그리는 방법과도 일치한다. 컴퍼스의 날카로운 바늘을 원의 중심에 놓는다. 이때 바늘은 매우 뾰족해야 한다. 그래야 이리저리 움직이지 않고 고정되기 때문이다. 또한 경첩의 각도를 정해 컴퍼스를 돌릴 때 연필이 지나가는 점들이 모두 일정한 거리에 있기 위해서는 매우 빡빡해야 한다.

원을 설명하는 또 다른 방법은 데카르트처럼 대수학 방정식을 이용하는 것이다.

그러나 데이지는 물론 다른 어떤 꽃도 완전히 둥글지는 않다. 다만 일정 거리를 두고 떨어져서 볼 때 둥글게 보일 뿐이다. 자세히 들여다보면, 꽃은 수많은 작은 꽃잎들로 이루어졌음을 알 수 있다. 그 꽃잎들이 뭉쳐 있는 모양은 대략 원의 형태를 띨 뿐, 실제로는 원보다 훨씬 더 복잡하다. 데이지의 진짜 모양을 기술하는 데도 수학을 이용할 수 있을까? 라일락처럼 아예 원형이 아닌 꽃들은 어떤가? 수학은 라일락의 모양을 기술할 수 있을까?

이 질문은 어찌 보면 무의미한 것도 같다. 도대체 꽃을 수학적으로 기술해서 어떤 이득을 얻는다는 말인가? 귀찮게 그런 것까지 밝혀내야 할 이유가 무엇인가? 그 답은 이것이다. "자연을 이해하려는 시도는 언제나 훌륭한 일이다." 왜 그럴까? 세계에 대한 이해를 통해 만족을 얻는다는 것도 한 가지 이유이지만, 특정 분야에 대한 과학적 이해가 언제

요긴하게 쓰일지 아무도 모른다는 점 역시 간과해서는 안 된다. 앞에서 얘기한 대로, 19세기 초에 처음으로 매듭 패턴의 기술 방법에 관한 문제가 제기되었을 때, 그 누구도 20세기 후반의 생물학자들이 바이러스와의 싸움에서 그 이론의 도움을 받게 되리라 생각하지 못했다. 우리가 거듭해서 배우게 되는 역사의 교훈은 수학적인 지식을 비롯한 과학적 지식 전반이, 결국에는 대개 우리에게 이로운 것으로 밝혀진다는 것이다. 물론 화학공장에서 배출되는 공해 물질처럼 때로는 과학이 해로운 부수 효과를 야기하기도 하지만, 그것은 교통사고의 대가를 치르고 얻는 자동차 소유의 혜택과 같은 셈이다. 결국 모든 조건을 고려해봐도 손실보다는 이득이 훨씬 크다고 말할 수 있을 것이다.

:: 나뭇가지는 자기 유사성을 보여주는 좋은 사례다. 나무 몸통 줄기에서 자라난 주요 가지들을 보면 각각의 가지들이 그 자체로 하나의 작은 나무처럼 보일 것이다. 더 작은 가지들도 마찬가지다.

:: 위의 구름 사진 두 장은 상이한 유형의 구름들이 상이한 특성의 모양을 갖는다는 사실을 보여준다. 또한 구름이 패턴의 반복으로 이루어졌음도 알 수 있다.

:: 오른쪽은 프랙탈 프로그램을 이용해 컴퓨터로 시뮬레이션한 구름의 이미지다. 과학자들이 컴퓨터에 구름의 수학을 창조하고자 애쓰고 있음을 알 수 있다.

그렇다면 라일락에 대한 수학적 기술을 찾으려는 시도는 어떤 이득을 가져다줄까? 여기에 한 가지 가능성이 있다. 그런 노력을 통해 좀더 정확한 기상 예보를 할 수 있다는 것이다. 놀랍지 않은가? 그 방법은 이렇다.

라일락을 자세히 들여다보면, 꽃의 일부가 꽃 전체의 모양과 매우 비슷하다는 사실을 금방 알아챌 수 있다. 몇몇 다른 꽃, 브로콜리나 콜리플라워 같은 채소, 그리고 양치류 같은 일부 식물에서도 이와 동일한 현상을 어렵지 않게 찾아볼 수 있다. 수학자들은 전체에 속한 일부분이 전체와 비슷하게 보이는 현상을 '자기 유사성(self-similarity)'이라 한다.

자기 유사성이 있는 다른 대상을 알고 있는가? 구름도 그 중 하나이다. 만일 우리가 자기 유사성의 패턴을 기술하는 수학적 방법을 갖고 있다면, 그것을 구름의 연구에도 이용할 수 있을 것이다. 구름에 대한 훌륭한 수학적 기술을 이용해 우리는 컴퓨터로 구름의 형성과 성장 및 이동을 시뮬레이션 할 수 있을 것이다. 그리고 그런 시뮬레이션을 적절히 사용한다면, 아마도 악천후 예보 능력을 개선할 수 있을 것이고, 덕분에 거대한 폭풍이나 토네이도 같은 자연재해를 좀더 잘 막아낼 수 있을 것이다. 기상천외한 얘기로 들리는가? 전혀 그렇지 않다. 오늘날 연구자들은 벌써 여러 해 전부터 그런 탐구를 계속해오고 있다. 자연은 너무나 예측하기 어려운 존재이기 때문에 완벽한 기상 예보를 제공한다는 것은 불가능한 일일 수도 있다. 그러나 수학의 활용은 이미 좀더 나은 예측을 낳고 있으며, 그

것이 우리의 목숨을 훌륭히 구해왔음은 틀림없는 사실이다.

다시 말해, 매듭의 패턴에 관한 수학적 연구가 바이러스를 정복할 수 있는 좀더 나은 기술을 제공할 수 있는 것처럼, 라일락의 자기 유사성 패턴에 대한 수학적 연구 역시 날씨를 예측할 수 있는 좀더 나은 기술로 이어질 수 있을 것이다. 이것이 바로 수학이 작용하는 방식이다.

프르제미슬로 프루진키에비츠(Przemyslaw Prusinkiewicz)는 라일락 같은 자기 유사적 모양에 대한 수학적 기술을 찾고자 노력하는 연구자 중 한 명이다. 라일락에 대한 수학적 기술을 얻기 위해 프루진키에비츠와 그의 동료 캠벨 데이비드슨(Campbell Davidson) 박사는 자연이 꽃의 모양을 어떻게 그렇게 만들 수 있었는지 고찰하고 있다. 이것은 컴퍼스로 원을 어떻게 그리는지 관찰함으로써 원에 대한 수학적인 기술을 얻는 것과 동일한 방식이다. 프루진키에비츠는 이렇게 말한다. "식물에서 발견하는 아름다움은 그들의 모양과 형태에 있습니다. 그러나 그 안에는 또 다른 아름다움이 감추어져 있지요. 그것은 그저 식물을 본다고 해서 대번에 찾을 수 있는 것은 아닙니다. 형태의 메커니즘을 이해함으로써 비로소 얻게 되는 아름다움이지요."

생물학자들이 바이러스 연구에 응용하기 훨씬 오래 전에 매듭에 관한 수학적 이론이 태동한 것과 마찬가지로, 꽃의 연구에 필요한 수학 역시 오랜 역사를 갖는다. 19세기 말, 수학자인 닐스 파비안 헬게 폰 코흐(Niels Fabian Helge von Koch)가 다음과 같은 중요한 사실을 발견한다. 정삼각형을 하나 그린 뒤, 각 변을 삼등분하여 그 가운데 부분을 한 변으로 하는 정삼각형을 그린다. 이 과정을 계속 반복하다 보면, 마침내 '코흐의 눈송이'라는 환상적인 모양이 나타난다. 물론 이때 원래 삼각형과 새로 그리는 삼각형이 겹쳐지는 변, 즉 삼등분한 원래 삼각형의 가운데 부분은 지워야 한다.

코흐의 눈송이가 보여주는 것은 복잡해 보이는 모양이 실은 매우 단

> 자연의 아름다움은 여러 측면에서 감상할 수 있습니다. 우선 시각적인 아름다움이 있겠지요. 하지만 세상 사물의 근본 원리를 이해하는 기쁨도 분명히 있습니다.
>
> 프르제미슬로 프루진키에비츠 | 컴퓨터 과학자 |

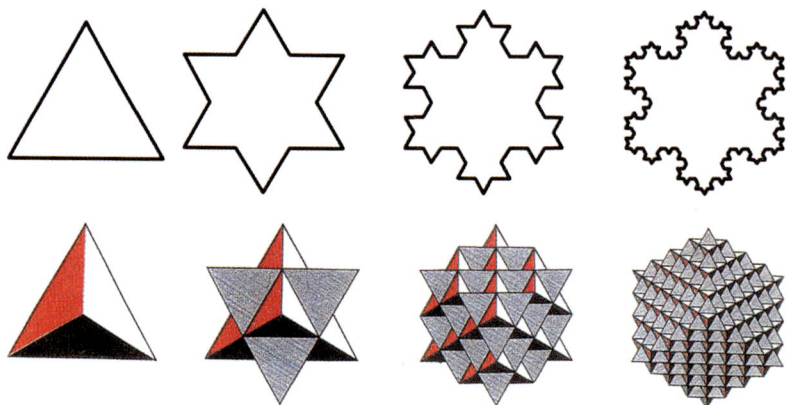

:: 윗줄에서는 정삼각형이 전통적인 코흐의 눈송이 이미지로 발전하고 있다. 아랫줄에서는 코흐 눈송이의 3차원적 표현을 볼 수 있다. 그것은 기본형의 반복을 통해 창조한 대칭적 모양의 아름다움을 드러낸다.

순한 규칙의 반복으로 생겨날 수 있다는 사실이다. 결국 최종적인 모양이 자기 유사성을 띠는 것은 동일 규칙의 반복적인 사용 때문이다. 이렇듯 자기 유사성을 가진 모양을 프랙탈이라고 하는데, 이 이름은 1970년대 베노이트 만델브로트(Benoit Mandelbrot)라는 수학자가 붙인 것이다. 만델브로트는 한 가지 특수한 유형의 규칙을 반복 적용하면 이른바 '만델브로트 집합'이라는, 수학자들에게는 매우 중요한 프랙탈 모양이 생겨난다는 사실을 보여주었다. 만델브로트 집합의 컴퓨터 이미지들은 믿기 어려울 정도로 아름답다. 그래서 순전히 이 한 가지 모양을 다양한 방식으로 '확대'해 여러 관점에서 바라본 이미지들만 담은 책이나 영화가 선을 보이기도 했다.

프루진키에비츠의 생각은, 이를테면 자연에서 발견하는 라일락의 경우처럼, 반복 적용했을 때 자기 유사적인 모양을 산출하는 규칙이 무엇인지 찾아보자는 것이다. 수학자들은 이런 반복적인 성장 규칙 시스템을 'L-시스템'이라 한다. 이 이름은 1968년 식물의 성장을 세포 차원에서 기술하는 공적 모델을 개발한 아리스티드 린덴마이어(Aristid Lindenmayer)라는 생물학자가 처음 사용했다.

예를 들면, 나무의 모양을 만드는 매우 간단한 L-시스템을 생각해보자. 그것은 한 나뭇가지의 끝에서 새로운 두 가지가 돋아나 결국 세 가지가 되는 방식이다. 이 규칙을 새로 생긴 가지에 계속해서 반복 적용하면, 쉽게 나무의 모양을 얻을 수 있다.

 프루진키에비츠는 컴퓨터로 라일락을 시뮬레이션하기 위해 꽃의 형체를 생성하는 매우 단순한 L-시스템에서 시작한다. 그는 진짜 라일락을 세심히 측정해 L-시스템을 더욱 정교화한 뒤, 거기서 산출되는 모양을 실제 모양과 좀더 가까워지게 만든다. 그렇게 정교해진 시스템은 라일락의 가지치기 구조를 생성한다. 그런 다음, 같은 기법을 사용한 다른 L-시스템으로 활짝 핀 라일락을 연출한다. 그리곤 보란 듯이 자랑한다! 라일락이 바로 눈앞에서 자라고 있지 않은가. 그러나 이 꽃은 자연이 만들어낸 진짜 라일락이 아니라 컴퓨터가 구현한 수학적인 라일락이다.

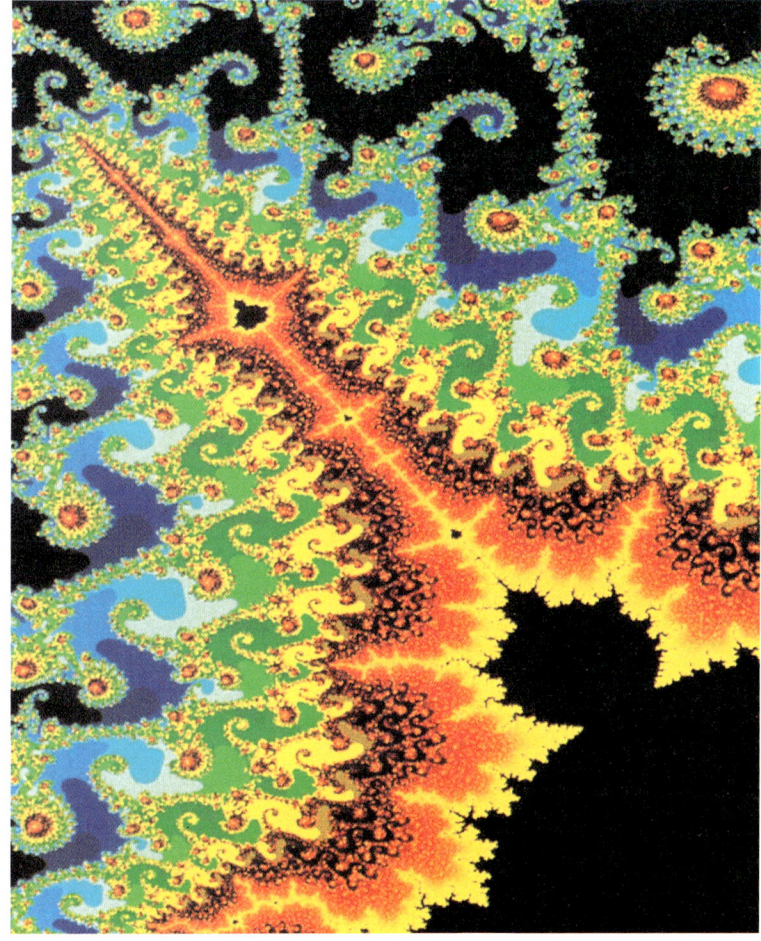

:: 유명한 '만델브로트 집합'의 프랙탈. 이 이미지를 자세히 들여다보면 특이한 형태로 소용돌이치는 'S'자와 딱정벌레처럼 생긴 모양이 수없이 반복되고 있음을 알 수 있다.

:: 프르제미슬로 프루진키에비츠가 간단한 수학적 규칙으로 만들어낸 라일락의 컴퓨터 이미지.

프루진키에비츠에게는 겉보기에 무한정 복잡해 보이는 자연의 모양을 매우 간단한 몇 가지 규칙으로 환원해내는 이 작업이야말로 마르지 않는 경탄의 샘이다. "흔히 아주 복잡하다고 생각하는 구조가 실제로는 매우 간단한 원리로 이루어졌다는 사실을 밝혀내는 과정은 무척 흥미로운 일이죠. 식물은 똑같은 일을 계속 반복합니다. 그것이 너무 많은 장소에서 한꺼번에 일어나기 때문에, 매우 복잡한 구조처럼 보일 뿐입니다. 하지만 정말로 복잡한 것은 아닙니다. 단지 얽혀 있을 뿐이죠. 식물의 형태에서 인식할 수 있는 아름다움은 단지 식물의 정적인 구조에서뿐만 아니라 그 구조를 만들어낸 과정에서도 나타납니다. 꽃이나 잎사귀의 아름다움을 인정할 줄 아는 과학자라면 그들의 진화 방식을 이해한다는 것도 무척이나 중요한 일입니다. 나는 그 과정의 아름다움을 '식물의 알고리즘적 아름다움'이라고 부릅니다. 그것은 자연이 감추고 있는 아름다움의 일부인 셈이지요."

프루진키에비츠는 자신의 작업이 창조적이라고 생각한다. 그는 우리가 자연에서 보는 패턴을 수학을 이용해 컴퓨터에서 창조한다. 그는 이렇게 말한다. "창조성은 수학의 본질입니다. 수학은 숫자놀음도 아니고 단순한 계산법도 아닙니다. 수학은 창조적이면서도 매우 정확한 방식으로 인간의 사유를 다루는 학문입니다."

수학의 특별한 한 가지 창조적 활용은 인공 생명체의 개발이다. 그것은 컴퓨터상에 시뮬레이션한 생태계를 말한다.

> 수학은 숫자 놀이도 아니고 단순히 셈을 하는 것도 아닙니다. 수학은 창조적이면서도 매우 정밀한 방식으로 인간의 사유를 다루는 학문입니다.
>
> 프르제미슬로 프루진키에비츠 | 컴퓨터 과학자 |

컴퓨터 안의 정글

톰 레이(Tom Ray)는 늘 열대우림에 매료되어 있다. 지난 20년간 그 지역을 과학적으로 연구해온 그는 "열대우림은 생명으로 가득 차 있습니다.

사방 어디를 둘러봐도 식물이든 동물이든 온갖 생명체를 대번에 접하게 됩니다. 종류가 너무나 다양해서 전부 다 알아볼 수도 없지요. 그곳은 광대한 미지의 세계입니다"고 말한다. 연구에 도움을 주고자 그는 직접 열대우림을 조성했다. 컴퓨터 안에 말이다.

프루진키에비츠는 자연이 창조한 모양을 이해하는 데 관심을 갖고 있는 반면, 레이는 '정글의 법칙'을 이해하고자 한다. 서로 다른 종들이 생존을 위해 다투고 협력하는 생태계의 패턴은 무엇인가? 레이도 프루진키에비츠처럼 그 답을 찾기 위해 수학을 이용한다. 두 사람이 성취한 수학적 기술이 '자연이 사용하는 방법'과 정확하게 동일한 것은 아닐 수 있다. 그러나 단순한 규칙이 어떻게 자연의 복잡성을 야기하는지 만큼은 확실히 들여다볼 수 있다.

인류에게 진정한 혜택을 주는 것으로 입증된 매듭 이론이나 프랙탈 이론과 마찬가지로, 생태계에 대한 레이의 수학적 모델 역시 지구의 거주자로서 제반 여건과 결과를 놓고 다양한 판단을 내려야 할 우리에게 큰 도움을 줄 수 있는 것으로 밝혀졌다.

레이가 컴퓨터 실험을 시작한 것은 1989년으로 거슬러 올라간다. 그의 생각은 수학을 이용해 컴퓨터 안에 가상 열대우림, 즉 인공 생태계를 창조하는 것이었다. 그는 '디지털 유기체'라고 명명한 인공 생명체들로 가상 세계를 북적거리게 만들었다. 컴퓨터 메모리의 다양한 부분에 숫자를 할당한 다음 컴퓨터가 그 숫자를 메모리상의 새로운 위치로 옮기거나 혹은 서로 더하거나 곱함으로써 새로운 숫자를 만드는(예를 들면, 2배로 늘리거나 혹은 절반으로 줄임으로써) 식의 프로그램을 짤 수 있는 것처럼, 레이도 우선 컴퓨터 메모리의 다양한 부분이 디지털 유기체를 나타내게끔 컴퓨터의 프로그램을 설정했다. 진짜 생명체처럼, 레이의 디지털 유기체도 이리저리 움직일 수 있었다. 또한 그는 디지털 유기체가 스스로 복제할 수 있는 조건을 만들었다. 예를 들면, 유기체가 충

:: 무성한 열대우림은 깜짝 놀랄 만큼 많은 식물과 동물 종을 품고 있다.

분히 자라야 한다는 게 한 가지 조건이다. 즉 '어른'이어야 한다는 얘기다. 또 다른 조건으로는 자기 몸 안에 또 다른 유기체를 부양할 수 있을 만큼 충분한 영양분을 공급할 수 있어야 한다는 것이다.

레이가 컴퓨터 프로그램에 만들어놓은 또 다른 가능성은 무작위적인 변이를 허용하는 것이다. 인공 생태계에서 태어난 자손은 부모와 완전히 똑같지는 않다. 이것이 인공 생태계 안에서 진화 방식을 준비하게 될 것이다. (실제 세계의) 진화론에 따르면, 무작위적인 변종의 출현은 완전히 새로운 종의 등장으로 이어진다.

비록 레이가 컴퓨터 안에 창조한 세계가 철저한 수학적 인공의 세계지만, 그의 진정한 목표는 언제나 현실 세계의 생명 현상을 이해하는 데 있다. "이 프로젝트는 생명에 관한 것입니다. 나에게 진화란 생명을 정의하는 한 속성이며, 생명의 다양성을 이끌어가는 창조적인 힘입니다. 나는 진화란 예술가의 행위라고 생각합니다. 진화가 빚어내는 예술적 창조의 세계는 믿을 수 없을 만큼 아름답고 복잡합니다. 꽃을 수분시키는 벌새, 먹이를 덮치는 치타, 혹은 인간의 신체를 상상해보세요. 정말 환상적으로 아름답지요."

'재생산 규칙'을 컴퓨터 프로그램에 추가한 레이는 딱 하나의 유기체를 투입함으로써 인공 세계에 생명을 불어넣었다. 그리고 그것을 '조상'이라고 불렀다. 그는 인공 생태계에 '조상'을 끌어다놓고 뒤로 물러앉아 어떤 일이 일어나는지 관찰했다. 그는 각 유기체마다 서로 다른 길이의 선분과 색깔로 컴퓨터 화면에 표시되게끔 프로그램해놓았다. 그리고 그 결과는 현미경으로 들여다본 실제의 연못 생태계 표본과 다를 바 없었다.

조상을 투입한 첫날밤에 펼쳐진 광경은 레이의 눈을 의심케 했다. 그는 이렇게 회상한다. "첫날밤부터 그 세계는 작동하기 시작했어요. 나는 매우 풍성한 진화의 과정을 엿볼 수 있었습니다. 불과 몇 시간 만에,

원래 유기체에서 분화된 돌연변이를 수백 개나 얻었습니다. '조상'은 디지털 생명의 나무로 진화했습니다. 지구 상의 유기적 생명체와 마찬가지로 전체적인 구조 속에서 모든 상이한 종들이 서로 연결되어 있었죠. 실제 생명 세계에서처럼 종들간의 상호 작용을 볼 수 있었습니다. 협력하고, 속이고, 거짓말하고, 훔치는 것까지 말이죠."

레이의 컴퓨터에 구현된 인공 세계에서 진화하고 있는 디지털 유기체들은 지구 상에서 가장 기본적인 형태에 속하는 생명체와 유사했다. 박테리아, 조류(藻類), 원생동물, 그리고 바이러스 등. 그러나 기린, 치타, 옥수수, 밀, 데이지, 라일락, 그리고 인간 역시 그들로부터 진화했다. 레이는 그 인공 세계를 몇 백 년 이상 계속 내버려둔다면 어떤 일이 일어날지 궁금해 한다. "우리가 디지털 유기체에 대해 아는 것이 조류와 원생동물 정도가 다라면, 아직은 실제 세계의 풍부한 가능성을 완벽히 그릴 수 있을 만큼은 아니라고 생각합니다. 하지만 디지털 환경 안에서도 상당한 수준의 복잡성에 곧 도달할 수 있으리라 생각하며, 만일 그렇게만 된다면 정말로 환상적이겠지요." 장차 다가올 디지털 생명체의 가능성은 우리의 마음을 들뜨게 만든다. 레이는 이렇게 말한다. "그 흥분은 잠재적인 무언가에 대한 것이지요. 우리는 미지의 세계를 모험하고 있는 것입니다."

인공 생명 프로젝트 전반에 걸쳐 수학을 활용함으로써 레이는 보이지 않는 것을 보이게 만드는 또 다른 기회를 제공하고 있다. 실제의 진화는 너무 오랜 시간에 걸쳐 일어나기 때문에 사실상 연구할 수가 없다. 눈에 띌 만한 변화 하나가 일어나는 데만도 몇 백만 년이 걸리곤 하기 때문이다. 하지만 레이의 컴퓨터에서는 그와 같은 종류의 변화가 하룻밤이면 일어날 수 있다. 그리고 다음날 아침이면 재생을 통해 어제의 '하이라이트'를 관찰할 수 있다.

진화를 모델화한 톰 레이의 작업은 여러 면에서 꽃의 성장을 모델화

> **계산의 목적은 통찰이지 숫자가 아니다.**
>
> R. W. 해밍 | 제2차 세계대전 중 인류 최초의 원자 폭탄을 만들기 위해 조직한 맨해튼 프로젝트에 참여했던 선구적인 컴퓨터 과학자 |

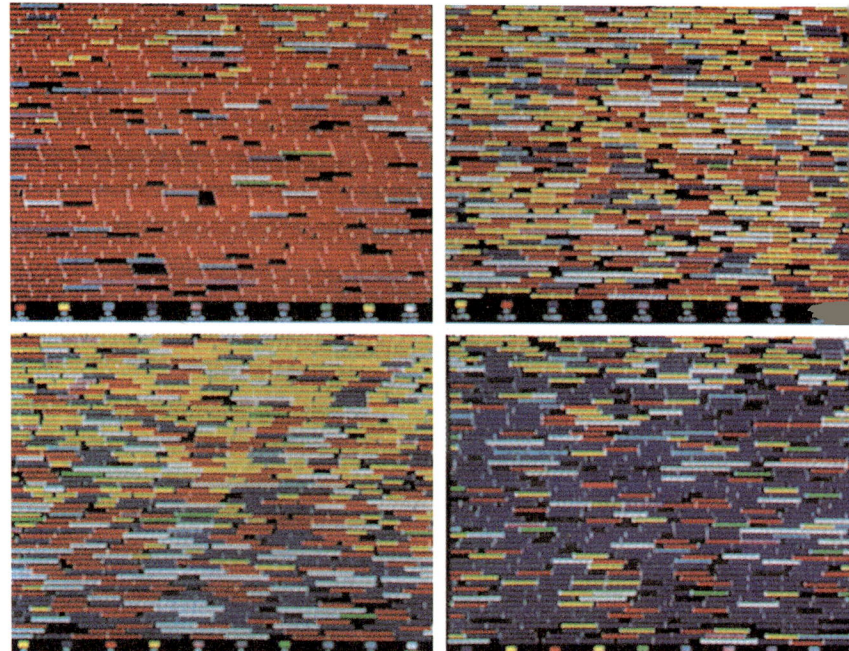

:: 톰 레이의 티에라 컴퓨터 세계(Tierra computer world)에서 발췌한 네 개의 영상 이미지에서 적자생존의 생생한 모습을 볼 수 있다. 첫 번째 프레임에서는 붉은 선분으로 나타나는 붉은 생명체가 전역을 지배하고 있다. 푸른 생명체가 간혹 눈에 띠며 그 안으로 노란색 선분의 몇몇 기생 생물이 침투해 들어가기 시작한다. 두 번째 프레임에서는 붉은색 개체군이 기생 생물로 인해 급격히 감소했다. 세 번째 프레임에서는 기생 생물에 면역을 보이는 파란 생명체를 볼 수 있다. 그들은 개체 수를 늘리면서 기생 생물을 화면상의 위쪽으로 몰아가고 있다. 네 번째 프레임에서는 드디어 파란 생명체가 기생 생물을 몰아내는 데 성공했으며, 이제는 그곳을 지배하는 생명체가 되었다.

한 프르제미슬로 프루진키에비츠의 작업과 유사하다. 프루진키에비츠의 모델이 진짜 식물의 세포 성장 패턴을 결정하는 수학적 규칙, 즉 L-시스템에 기반을 두고 있다면, 레이의 모델은 진화가 어떻게 일어나는지에 대한 우리의 지식에 기반을 두고 있다. 프루진키에비츠는 모델을 만드는 과학적 접근 방식을 이렇게 요약한다. "모델링 과정은 자연을 학습하는 과정과 별개일 수 없습니다. 모델이란 한마디로, 중요하다고 생각하는 자연의 여러 특징을 조합해놓은 것이죠. 모델을 만듦으로써 그런 특징들이 정말로 중요한 것인지 검증할 수 있습니다. 또 우리가 놓친 것은 없는지도 말이죠."

디지털 종들이 성장하고 진화하는 컴퓨터 메모리 속의 인공 세계에서 레이는, 거대한 공룡에서 우리 몸에 침투하는 극미한 바이러스에 이르기까지, 동물의 피부 패턴에서부터 꽃의 모양에 이르기까지, 소멸된 과거로부터 현재에 이르기까지, 생명체의 다양한 패턴을 이해하기 위해 수학을 활용하는 많은 사람들과 합류한다. 그리고 어쩌면 레이의 진화 모델이 지구의 미래를 수학적으로 들여다볼 수 있는 기회를 제공할지도 모른다. 스스로 변화를 선도해가는 진화의 패턴을 볼 수 있게 해줌으로써 말이다.

숫자 게임

공중에 뜬 공들
비행의 비밀
임팩트의 기술
수학으로 더 빨리 항해한다
회전 아니면 도약?
시스템을 가동하다
마음속에서

고대 그리스 시대 이래로 운동 경기는 가장 고매한 인간 표현 방식의 하나로 여겨져왔다. 많은 사람들은 운동 경기에서의 경쟁이야말로 우리가 가진 최고의 능력을 끄집어내고 인간의 잠재력을 집약적으로 표현해준다고 생각한다.

운동을 잘하려면 무엇이 필요할까? 최고의 선수가 되려면, 다시 말해 자기가 선택한 종목에서 정상에 서려면 무엇이 필요할까? 어떤 운동에서든 성공하려면 재능과 기술, 그리고 엄청난 훈련이 필요하다는 사실쯤은 누구나 알고 있다. 그런데 오늘날 많은 운동선수와 코치들은 그것뿐만 아니라 다른 어떤 것에도 점차 귀를 기울이고 있다. 바로 수학이다.

그들은 이른바 운동 경기라고 부르는 유별난 인간적 노력에 수학을 응용함으로써 인간 표현이 담고 있는 극적인 요소와 잠재력을 훨씬 완벽하게 인식할 수 있을 뿐 아니라 우리 내부의 깊은 곳에 감추어진 잠재력을 끄집어내는 중요한 열쇠 역할을 할 수 있다는 사실을 깨달았다. 수학은 운동 수행 능력을 증대시키는 방법을 알려줄 수 있으며, 승리와 패배를 가르는 결정적인 요인을 찾아내는 데도 도움을 줄 수 있다.

:: 체력 훈련중인 여인을 묘사한 고대 시칠리아의 모자이크 그림은 신체 건강에 대한 이상이 인간의 오랜 염원임을 입증한다.

공중에 뜬 공들

테니스 선수가 우아하게 백핸드 리턴을 성공시킨다. 골프 선수는 완벽한 스윙을 선보인다. 야구에서 투수는 마지막 순간에 손목을 낚아채며 공을 뿌려댄다. 그 다음엔 어떤 일들이 일어날까? 라켓과 골프채와 투수의 손을 떠난 공에는 각기 어떤 일이 일어날까? 톱스핀은 날아가는 테니스공에 어떤 효과를 미칠까? 골프공의 올록볼록한 표면이 공의 비행에 어떤 영향을 미칠까? 정말로 브레이킹 커브볼이라는 구질이 있을까?

이런 질문에 신뢰할 만한 답을 찾는 유일한 방법은 수학에 의존하는 것이다. 지난 20년 동안, 과학자와 운동선수들은 갖가지 형태와 크기의 공들이 어떻게 하늘을 나는지 그 신비를 좀더 잘 이해하기 위해 수학을 활용해왔다. 그 답은 주로 공기역학이라는 과학에서 찾을 수 있었다. 공기역학은 항공기 설계에 사용하는, 벌써 250년이나 된 장구한 역사를 지닌 수학의 원리를 활용하는 분야이다.

:: 위는 요한 베르누이, 아래는 다니엘 베르누이.

비행의 비밀

마티니를 홀짝거리며 3만 피트 상공의 비행기 좌석에 앉아 무엇이 자신을 공중에 떠 있게 하는지 궁금하게 여겨본 사람이 있을까. 기술적으로는 그 답을 날개라고 말할 수 있을 것이다. 그렇지만 과학적으로 말하자면, 정답은 어떤 한 방정식이다. 좀더 정확히 말하면, 베르누이의 방정식이다.

18세기 다니엘 베르누이(Daniel Bernoulli)는 믿을 수 없을 만큼 재능 많고 활동적인 스위스의 수학자 가문에서 태어났다. 다니엘의 아버지 요한은 바젤 대학교의 수학 교수였다. 두 사람 모두 영국의 아이작 뉴턴

∷ 아이작 뉴턴.

(Isaac Newton)과 독일의 고트프리트 라이프니츠(Gottfried Leibniz)가 이전 세기에 고안한 미분 계산법에 매우 큰 영향을 받았다. 그리고 둘 다 새로운 수학의 기법을 발전시키는 데 기여했다.

미분은 수학자들에게 물체의 운동을 연구할 수 있는 길을 열어주었다. 사실 17세기 중반 이전에는 수학을 오로지 정지해 있는 대상에만 적용할 수 있었다. 수학은 셈을 할 수 있고, 길이와 각도를 잴 수 있으며, 모양을 연구할 수 있고, 직선의 기울기와 도형의 면적, 입방체의 부피를 계산할 수 있었다. 그렇지만 공중을 날아가는 공이나 행성의 궤도 운행을 기술하는 방정식은 만들어낼 수 없었다.

행성의 운동을 기술하는 방법에 관한 문제는 특히 젊은 아이작 뉴턴을 매료시켰다. 그는 그 문제를 다루기 위해 전적으로 새로운 수학 분야를 만들어냈다. 즉, 미분이었다. 미분은 수학의 정적인 기법을 활용해 움직이는 대상을 연구할 수 있게 해준다. 그것은 영화를 만드는 것과 비슷하다.

움직이는 장면의 정지 사진들을 아주 빠른 속도로 순서대로(초당 30장 이상이면 충분할 것이다) 스크린 위에 투영하면, 인간의 눈은 그 대상이 움직이는 것으로 보게 된다. 한 장면과 다음 장면 사이의 미세한 차이를 인간의 시각 체계는 감지하지 못한다. 뉴턴의 아이디어는 쉽게 말해 연속적인 운동을 정지 형상들의 연속으로 간주하자는 것이다.

각각의 정지 형상은 기존의 수학적 기법, 주로 기하학과 대수학을 이용해 분석할 수 있었다. 어려운 부분은 모든 정지 형상을 한데 모으는 일이었다. 초당 30프레임 정도면 인간의 두뇌를 속여 연속적인 운동 장면으로 착각하게 만들 수 있을 것이다. 뉴턴은 연속 운동이라는 같은 결과를 수학적으로 성취하기 위해 정지 형상들을 무한의 속도로 '투사'해야만 했다. 그리고 그때 각각의 정지 형상은 지속 시간이 무한히 짧아야 한다. 우리가 오늘날 '미분', 좀더 정확하게 말하자면 미적분이라고 부르는 분야는 이런 '무한 연쇄'를 수행하기 위해 뉴턴이 발전시킨 기법을 모아놓은 것이다.

뉴턴의 목표는 새로운 방법을 이용해 행성의 운동을 연구하는 것이었다. 그리고 행성에 적용할 수 있다면 다른 대상의 운동에도 당연히 적용할 수 있을 것이다. 예를 들면, 포탄 같은 것이 그것이다. 다니엘 베르누이는 그 방법을 유체(과학자에게는 액체나 기체를 의미한다)의 연속 운동을 연구하는 데도 적용할 수 있을지 궁금했다. 언뜻 보기에도 그것은 매우 어려운 문제였다.

∷ 이 항공기의 풍동 실험 이미지는 비행기가 공기를 가르며 지나갈 때 발생하는 공기 흐름의 패턴을 보여준다.

베르누이는 이 문제를 연구하는 데 일생을 바쳤다. 그리고 마침내 그 일을 해냈다. 1738년 그는 연구 결과를 《유체역학(Hydrodynamics)》이라는 책에 담아 출판했다. 이 책에서 베르누이는 오늘날 그의 이름을 따서 부르고 있는 방정식을 유도해냈다. 그것은 항공기의 비행에 토대를 이루는 방정식이었다. 요점을 말하자면, 베르누이의 방정식이 말해주는 바는 유체가 표면 위, 이를테면 항공기의 날개 윗면으로 흐를 때 거기에 가해지는 유체의 압력은 속도가 증가할수록 감소한다는 것이다.

이 간단한 반비례 관계가 비행의 비밀이다. 항공기 날개의 윗면은 완만하고 아랫면은 평평하다. 항공기가 앞으로 추진할 때 날개는 공기 덩어리를 둘로 양분한다. 공기가 날개의 위쪽과 아래쪽으로 갈라져 이동하는 것이다. 공기는 날개의 모양 때문에 평평한 바닥 쪽보다 구부러진 상층부에서 더 빠르게 이동해야 한다. 결과적으로, 날개 윗면에 가해지는 공기의 압력은 바닥에 가해지는 압력보다 약해진다. 자, 그렇다면 이제 어떻게 되겠는가. 공기는 날개를 위로 밀어올린다. 그와 함께 항공기도 위로 밀려 올라간다. 항공기 엔지니어들은 이것을 '양력(揚力)'이라고 한다. 비행기가 앞으로 빠르게 이동할수록, 양력은 더 커진다. 비행기가 이륙할 때 활주로를 따라 달리면서 속도를 높이는 것도 그 때문이다.

"그러면 기체를 뒤집어 거꾸로도 날 수 있는 소형 전투기들은 어떻게 된 것인가? 혹은 얇고 납작한 날개를 가졌던 초창기 복엽기는 어떻게 된 것인가?" 누군가 이렇게 물을지도 모른다. 아마도 베르누이의 법칙이 이 경우에는 적용되지 않는 것처럼 보일 것이다. 그렇다면 그럴 때는 무엇이 비행기를 떠받쳐주는 것일까? 그 답은 양력을 발생시키는 두 번째 요인이다.

최신 제트 여객기의 경우, 날개의 모양에 따른 베르누이 효과로 수평 비행에서 비행기가 떠 있게 되지만, 날개의 '기울기', 즉 돌진해오는 공기의 흐름에 맞서는 날개 각도를 통해서도 양력을 얻을 수 있다. 앞에서 볼 때 위에서 아래로 경사져 있는 날개는 비행 속도가 아주 느린 경우에도 양력을 발생시킬 수 있을 것이다. 기울어진 날개가 공기를 압축시키기 때문이다. 초창기 복엽기의 납작한 날개는 위에서 아래로 비스듬히 기울어져 있어 양력을 받을 수 있었다.

:: 최초의 골프공은 대략 1400년경 가죽 주머니에 깃털을 가득 채워 만들었으며, 그래서 이름도 '페더리(Feathery, 깃털처럼 가볍다는 뜻)'였다.

그리고 오늘날의 제트 여객기도 이륙할 때 기수를 확연히 위쪽으로 들어 올리는데, 그것은 양력을 더 많이 받기 위해서이다.

수학적 발견 이후 그것을 실제로 적용하기까지 오랜 세월이 걸리는 경우는 수학사에서 매우 흔한 일이다. 베르누이 방정식의 경우도 동력 비행의 시대가 도래하기까지 150년 이상을 기다려야 했다. 그리고 수학이 보장하는 최대한의 양력을 활용하기 위해 과학적으로 비행기의 날개를 설계하기까지는 200년이 걸렸다.

그건 그렇다 치고, 대체 베르누이의 수학이 날아가는 골프공의 양력에 대해서는 어떤 얘기를 해줄 것인가? 밝혀진 바와 같이, 골프공의 딤플(dimple, 골프공의 표면에 약 200에서 500개가량 보조개처럼 옴폭 들어간 부분)은 공을 따라 회전하는 공기층을 가둔다. 제대로 맞은 골프공에는 엄청난 역회전이 걸리기 때문에, 아래쪽 딤플에 갇힌 공기층은 앞으로 밀리게 된다. 이것은 골프공이 공중을 날아갈 때, 공 아래쪽의 공기가 앞에서 뒤로 흐르는 공 주위의 전체 공기와는 반대로 움직이게 된다는 것을 의미한다. 마찬가지로, 위쪽에서 딤풀에 갇힌 공기층은 뒤쪽으로 끌리게 되어 전체적인 공기의 흐름과 같은 방향으로 진행할 것이다. 따라서 위쪽의 공기층은 아래쪽의 공기층보다 빠르게 뒤로 지나간다. 에스컬레이터를 탄다고 상상해보라. 에스컬레이터와 같은 방향으로 뛰어가면 전반적인 속도가 더 빨라지는 반면, 그 반대 방향으로 뛰어가면 더 느려진다.

베르누이의 법칙에 따르면, 골프공에 걸린 역회전으로 인한 공기 흐름의 속도 차이는 공의 아래 부분에 가해진 압력이 위에 가해진 압력보다 더 커진다는 것을 의미한다. 결국 공의 회전이 양력을 발생시키며,

:: 19세기 후반 골퍼들은 오히려 오래 사용해 상처난 공이 더 멀리 정확하게 날아간다는 사실을 발견했고, 골프공 제조업자들은 이 효과를 살릴 수 있는 공을 개발하기 시작했다. 그 중 가장 인기 있던 모델이 1899년경 선보인 왼쪽의 '브램블(Bramble)' 공이다.

:: 오늘날 골프공의 표면은 딤플로 처리한다. 딤플이 공에 훨씬 큰 공중 부양력을 부여한다는 사실을 발견했기 때문이다.

:: 상당한 논란을 불러일으킨 '브레이킹 커브볼'은 날아오는 공에 걸린 회전력의 효과가 불러일으킨 눈의 착각이다.

그것은 비행기 날개 주위로 지나치는 공기 흐름이 양력을 발생시켜 비행기를 공중에 떠 있게 하는 것과 같은 원리다. 그리고 골프공이 가능한 최대의 거리를 날아갈 수 있는 것은 공의 딤플이 만들어 내는 양력 때문이다. 표면을 매끄럽게 처리한 골프공의 비거리는 일반적인 골프공의 4분의 1에도 못 미친다.

또한 250년 된 베르누이의 방정식은 수세대에 걸쳐 야구광들을 궁금하게 만들었던 한 가지 의문을 해결해주었다. 과연 투수는 정말로 브레이킹 커브볼을 던질 수 있는가? 다시 말해, 날아오다가 홈 플레이트에 닿기 전에 갑자기 뚝 떨어지는 구질의 공을 던질 수 있을까? 선수들은 그렇다고 말한다. 그런 공을 늘 보아왔다는 것이다. 그러나 과학자들은 그럴 수 없다고 말한다. 그것은 불가능하다는 것이다.

수학적인 분석은 양쪽의 얘기가 다 맞았음을 보여주었다. 브레이킹 커브볼을 던진다는 것이 물리적으로는 사실상 불가능하지만, 타자와 포수는 공이 갑자기 뚝 떨어지는 경우를 수도 없이 보아왔다. 이것을 설명하려면 베르누이의 방정식과 원근법을 혼합해야 한다. 그게 어떻게 된 일인지 살펴보도록 하자.

야구공의 표면에는 216개의 실밥이 있다. 공이 공중에서 회전할 때 그 실밥은 공 주변의 공기층을 잡아당긴다. 골프공의 딤플이 하는 역할과 같다. 만일 야구공의 한쪽에 회전력을 가해 던지면, 그쪽의 공기 흐름이 반대쪽보다 빨라진다. 베르누이의 방정식에 따르면, 그 때문에 그쪽에는 더 큰 압력이 발생해 공이 휘게 된다. 비슷하게, 투수는 공에 톱스핀을 가해 공이 뚝 떨어지게 만들 수 있다. 조금 전의 의문은 이것이었다. 정말로 투구에 톱스핀을 먹이면 공이 갑자기 '뚝' 떨어지는가?

물리학자들은 아니라고 말했다. 그리고 그들의 얘기는 틀린 것이 아니다. 날아가는 야구공의 느린 화면은 그 공이 일정한 곡선을 그리고 있음을 보여주었다. 만일 중력의 작용이 제거되고 포수가 잡아내지만 않는다면, 그 공은 완벽한 원을 그리며 투수에게 되돌아왔을 것이다. 정확히 말하자면 그의 뒤통수를 때렸을 것이다. 그러나 타자는 커브공이 그리는 원둘레 바로 옆에 서 있는 셈이기 때문에, 그의 눈에는 공이 처음에는 직선으로 날아오다가 점점 가까이 다가올수록 밑으로 뚝 떨어지는 것처럼 보인다. 분명한 브레이킹 동작으로 보이는 것이다. 그러나 과학자들의 관점에서는 타자와 포수의 눈이 속고 있는 것이다.

골프에서 야구에 이르기까지 각 종목에 필요한 동작을 이해하고, 설명하고, 때로는 개선하는 데도 마찬가지로 18세기의 수학이 사용되는 것이다.

임팩트의 기술

우리는 테크놀로지의 충격에 대해 많은 얘기를 한다. 그렇다면 충격

(impact)의 테크놀로지는 어떤가? 예를 들면, 테니스 라켓이 공과 부딪힐 때 정확히 어떤 일이 일어나는가? 이 질문에 답하려는 노력이 테니스 라켓의 설계와 제조 방법에 중대한 변화를 일으켰다. 스포츠 장비의 변화는 게임의 내용에도 변화를 불러왔고, 그 결과 테니스는 과거보다 훨씬 빠른 경기가 되었다. 대부분의 기술적 변화가 그렇듯, 이 경우에도 수학을 활용했다.

:: 테니스 서브 동작을 해럴드 에드거튼의 스트로보 사진 기법으로 분석한 이미지.

항공우주산업 엔지니어이자 테니스 광이기도 한 루드라파트나 람나스(Rudrapatna Ramnath)는 최근 들어 크게 발전한 임팩트 기술 분야를 선도하는 과학자 중 한 사람이다. 그는 이렇게 회고한다. "나는 평생 동안 테니스를 쳐왔습니다. 그간 눈에 띄는 변화들이 있었지만, 실제로 공은 그렇게 크게 변하지 않았습니다. 변한 것은 라켓입니다." 람나스는 20년이 넘는 세월 동안 MIT에 있는 자신의 연구소에서 테니스 라켓을 측정하고 분석해왔다. "측정의 목적은 라켓의 성능을 정확하게 평가하려는 것입니다. 어려운 문제는 라켓을 평가할 수 있는 체계적인 접근 방식을 고안해야 한다는 것이었죠. 즉 라켓의 성능을 일관된 수치로 측정할 수 있어야 한다는 것입니다."

람나스는 라켓이 볼을 가격하는 순간을 찍은 초고속 촬영 사진을 가지고 분석을 시작했다. 고속 카메라에 아주 빠른 필름을 사용하고 섬광전구(strobe light)가 순식간에 번쩍해 극히 짧은 순간 동안 피사체에 빛을 비추면, 라켓이 공에 부딪힐 때의 상황을 연속적인 순간 동작으로 잡아내 촬영하는 것이 가능하다. 이 기법은 제2차 세계대전 직후 해럴드 에드거튼(Harold Edgerton)이 처음 개발한 것으로 '스트로보 사진' 촬영술이라 한다. 이 기법은 과학자들에게, 그리고 최근에는 예술가와 광고 제작자들에게 너무 움직임이 빨라 육안으로 관찰할 수 없는 대상을 볼 수 있는 방법을 제공했다.

예를 들면, 스트로보 사진은 우유 한 방울이 떨어져 튀어오를 때 어떤 현상이 벌어지며, 총알이 달걀을 관통할 때 어떤 일이 일어나는지 보여주었다. 최근에 과학자들은 이 기법을 사용해 비누 거품을 바늘로 터뜨릴 때 어떤 일이 벌어지는지 규명했다. 거품은 단번에 터져버리는 것일까, 아니면 핀이 처음 뚫고 들어온 곳에서 시작해 점차적으로 거품 전체를 파열시키는 것일까? 답은 오른쪽의 그림을 보면 알 수 있다.

람나스는 스트로보 사진 기법은 물론 레이더와 적외선 기술 등 좀더

:: 비누 거품이 파열되는 순간을 포착한 스트로보 스틸 사진은 거품이 단번에 터지는 것이 아님을 분명히 보여준다.

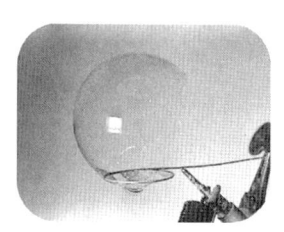

> 게임의 기초 요소들을 수학적 어휘로 정의해 모델화할 수 있고, 여러 변수들이 게임에 어떤 영향을 미치는지도 예측할 수 있습니다.
>
> 루드라파트나 램나스 | 항공 우주 공학자 |

새로운 기술을 사용해 라켓의 임팩트가 공에 미치는 효과를 정확히 측정했다(그는 카메라나 레이더 장치의 초점을 정확히 맞추기 위해 라켓을 한 곳에 고정하고 자동 발사 기계를 이용해 공을 라켓에 쏘았다). 그는 다른 도구들을 이용해 질량 분산도, 제동력, 굳기, 진동 등과 같은 라켓의 여러 성질을 측정했다. 또한 제조 회사에서 개발중인 라켓을 비롯해 여러 종류의 라켓을 측정함으로써 라켓의 기하학적 형태와 라켓 줄의 소재, 그리고 줄의 탄력이 라켓의 성능에 어떤 영향을 미치는지 탐구했다.

램나스와 그의 학생들은 여러 해 동안 200개 이상의 라켓을 측정했고, 그 결과를 《월드 테니스》지에 게재했다. 점점 더 많아지는 가지각색의 라켓을 놓고 어떤 것을 고를지 고민하던 독자들은 큰 도움을 얻을 수 있었다.

이후 램나스는 라켓의 특성과 성능의 함수관계를 예측할 수 있는 수학적 모델을 창조했다. "우리는 수년 동안 많은 것을 알아냈습니다. 기술이 더욱 정교해지면서, 라켓의 효율은 점점 더 높아졌지요." 결과적으로 램나스는 선수들이 사용할 수 있는 장비의 종류를 제한하는 수학적 규칙을 내놓아야 한다는 얘기가 거론될 날을 내다본 셈이다. "많은 사람들은 라켓의 효율이 점점 높아지면서 게임의 재미가 떨어지기 시작했다고 느낍니다. 속도가 전부는 아니죠. 남자 선수의 경기는 서비스의 결전장이 되어가고 있습니다. 그들의 서비스는 시속 200킬로미터 이상이기 때문에 제대로 받아낸다는 것이 거의 불가능합니다. 얼마 지나지 않아 경기는 단조로워지고, 관중은 불평을 터뜨리기 시작한 겁니다."

그가 다시 말을 이었다. "20년 동안 라켓의 강도를 측정해왔지만, 이제 나의 새로운 임무는 그 힘의 상한선을 정하는 것입니다. 그것은 테니스협회가 일정 한도를 넘어서는 라켓의 사용을 금지할 수 있는 근거를 마련하는 데 도움을 줄 겁니다. 측정 과정은 변하지 않았지만, 새로운 도전은 사람들이 테니스 경기를 사랑했던 이유인 경기의 질을 유지할 수 있는 라켓을 수학적인 용어로 정의하는 것입니다."

1969년, 유사한 변화가 프로야구에서도 나타났다. 강속구 투수들의 독주를 막기 위해 마운드의 높이를 40센티미터에서 25센티미터로 낮춘 것이다. 그리고 스트라이크 존도 타자의 어깨 높이에서 겨드랑이 정도로 내려왔고 무릎 아래 부분에서 무릎 위로 올라갔다. 그 변화가 불러온 효과에 대한 통계 분석을 보면, 평균 타율이 내셔널리그에서 7푼 상승했고, 아메리칸리그에서는 1할 6푼 상승한 것으로 드러났다.

"경기의 규칙을 다시 제정하는 문제는 가볍게 받아들일 일이 아닙니다." 램나스는 인정한다. "그러나 그 작업은 수학의 언어를 사용함으로써 정밀하고 주의깊게 수행할 수 있습니다. 게임의 요소들을 수학적인 용어로 재정의함으로써 게임을 모델화할 수 있고 미묘한 변화가 게임에 어떤 영향을 미칠지도 예측할 수 있습니다. 또한 수학은 통계학적인 분석과 함께 그런 예측의 결과를 평가하는 데도 효과적입니다."

수학으로 더 빨리 항해한다

대양에서의 요트 경기는 항공우주산업 분야의 수학과 첨단 테크놀로지가 운동 장비의 설계에서 실력을 발휘하는 또 다른 영역이다. 이 경우에는 대형 경주용 요트의 설계가 그에 해당한다.

아메리카 컵은 바다 항해에 관한 한 최고의 대회다. 경기는 치열하고, 기술적인 도전도 엄청나며 그 비용 역시 어마어마하다. 오늘날 선수들은 승패의 분수령이 되는 요트의 결정적인 개량을 위해 수학에 눈을 돌리고 있다.

이 대회는 전통적으로, 미국의 요트 클럽들이 일종의 신디케이트를

:: 아메리카 컵은, 1851년 '아메리카'라는 이름의 요트가 와이트 섬의 카우스 항에서 개최된 요트 경주 대회에서 14척의 영국 요트를 물리치고 당시 '100기니 컵'이라고 알려진 우승 트로피를 차지한 데서 유래했다. 이 그림은 한 무명 화가가 그린 '아메리카' 호의 우승선 통과 장면이다. 이 배는 미국의 엔지니어링이 이룩한 위업을 나타내는 상징이 되었다.

형성해 외국의 경쟁자와 맞서 싸운다. 거의 100여 년 동안, 미국의 요트는 성공적으로 우승컵을 지켜왔다. 그러나 최근 들어서는 오스트레일리아와 뉴질랜드에 그 영예를 빼앗기고 있는 실정이다. 1991년 한 신디케이트는 아메리카 컵에서 우승하기 위해 1억 달러에 육박하는 비용을 소비했는데, 대부분 보트를 설계하는 데 들어갔다.

존 마셜(John Marshall)은 20년 넘게 아메리카 컵에 출전할 요트를 설계해왔다. 마셜은 이렇게 말한다. "결승선을 일등으로 가르기 위해서는 전략의 귀재가 요트의 선장을 맡아야 합니다. 그리고 선원은 정밀한 기계에 숙련되어야 하고요. 하지만 제아무리 최고의 선장과 선원들이라 해도 승산 없는 요트를 가지고는 경기에서 승리할 수 없습니다."

1995년 마셜은 뉴질랜드와 맞서 싸웠던 요트의 신디케이트를 이끌었다. 그러나 그들은 결국 지고 말았다. 그는 지금 PACT 2000(Partnership for America's Cup Technologies 2000)이라는 신디케이트를 운영하며 우승컵을 되찾아오기 위해 노력중이다. 마셜과 그의 설계팀은 승산 있는 요트를 찾기 위해 컴퓨터 시뮬레이션과 수학에 의존하고 있다. 그는 말한다. "오늘날은 요트를 설계하는 데 비용이 너무 많이 들고, 설계 자체도 너무 복잡하기 때문에 실제 요트를 여러 척 건조해 물에서 직접 검사하는 것은 불가능합니다. 그렇기 때문에 먼저 컴퓨터에서 요트의 모형을 만들어 실험하지요. 그런 다음에 실제로 요트를 제작하지요. 기본적으로, 이 경기는 수학 없이는 이제 불가능할 겁니다."

:: 1995년의 아메리카 컵 레이스에서 앞으로 치고 나오는 '영 아메리카' 호.

수학은 요트 설계에서 아메리카 컵 레이스의 핵심적인 역할을 수행할 뿐 아니라, 아예 레이스 자체가 수학적인 공식으로 정의되는 유일한 스포츠일 것이다. 국제요트경주협회는 공정한 경쟁을 보장하기 위해 돛의 면적과 선체의 크기(즉, 배수량)를 제한하는 규칙을 정했다. 선체가 클수록 허용되는 돛의 면적은 작다. 반대의 경우도 마찬가지다. 이 규칙은 수학적인 공식의 형태로 진술된다. 아메리카 컵의 요트 설계자가 추구하는 목표는 세 가지 핵심적인 매개변수들간의 최적의 관계를 찾는 것이다. 즉 돛의 면적, 선체의 크기, 용골 사이의 관계가 그것이다.

마셜이 맞닥뜨린 문제 중 일부는 수학자들이 공중을 날아가는 공의 운동을 이해하고자 노력할 때 맞닥뜨린 문제와 동일하다. 물론 마셜의 경우엔 상황이 더 복잡하다. 아메리카 컵의 요트는 공보다 훨씬 더 복잡하며, 더구나 한 번에 공기와 물이라는 두 종류의 매질(媒質)을 뚫고 움직이기 때문이다. 그렇다면 말할 것도 없이 유체의 흐름에 관한 베르누이의 수학이 문제 해결의 열쇠다.

마셜은 설계 문제를 여러 부분으로 나누고 각개격파해 나갔다. 돛은 바람을 동력화해 요트를 추진한다. 선체는 바닷물을 부드럽고 효율적으

이 스포츠 (아메리카 컵 요트 경주)는 현대적인 수학 없이는 불가능할 겁니다.

존 마셜 | 아메리카 컵 요트 경주 선수 |

> 다음 세기에 우리에게 필요한 기본 소양은 과학적인 소양일 것입니다. 수학적으로 표현할 수 있는 물리 법칙과, 순전히 감정적인 접근을 하기보다 일정 정도의 분석을 토대로 사회적 결정을 내릴 수 있는 방법이 존재한다는 사실을 이해해야 하는 것이죠.
>
> 존 마셜 | 아메리카 컵 요트 경주 선수 |

로 갈라야 한다. 그리고 용골은 요트의 안정성과 관계가 있다. 이 세 요소의 무게와 모양, 그리고 상호 작용 방식이 요트의 속도를 결정할 것이다. 마셜은 효율성의 미세한 증대를 찾고 있다. "속도 1퍼센트 증가가 그렇게 커 보이지 않을 수도 있습니다." 그도 인정한다. "하지만 그것이 레이스에서 8분의 시간을 단축해줄 수도 있습니다. 몇 초 차이로 승패가 갈릴 수 있는 이 경기에서 말이죠. 그러니 미세해 보이는 물리적 차이가 정작 승부를 가를 수도 있는 겁니다. 설계가 결정적인 이유도 바로 여기에 있지요."

"우리의 난점은 연이어 개입하는 수많은 매개변수들을 모두 고려해 문제를 최적화해야 한다는 것입니다. 예를 들면, 단순히 돛의 면적을 허용된 최대치로 설계해서는 안 됩니다. 어떤 식으로든 거기에는 반대급부가 있기 마련이죠. 이런 종류의 최적화 문제가 요트 설계에만 특별한 것은 아닙니다. 경제 문제나 회사 경영의 문제, 그 밖에 광대한 영역의 실생활에서도 마찬가지입니다. 우리가 해야 할 일은 중요한 모든 변수와 그것들을 연계하는 모든 방정식을 담은 수학적 모델을 구성하는 것입니다."

"요트의 너비를 예로 들어보죠. 우리는 요트의 너비를 요트의 안정성과 관련짓는 방정식을 도출할 수 있고, 요트의 안정성을 요트가 다양한 풍속에서 발휘할 수 있는 성능과 관련짓는 방정식을 도출할 수도 있습니다. 이 문제는 아주 가벼운 바람에서는 그다지 큰 변수가 되지 않지만, 강한 바람에서는 아주 중요한 요인이지요. 어쨌거나 그렇게 해서 요트의 너비와 성능이라는 매개변수들 사이의 관계를 확보하게 됩니다. 그리고 그 관계는 차례로 풍속과 관계를 맺게 되지요. 그런 다음 다시 요트의 너비 문제로 되돌아가 성능에 미치는 또 다른 영향을 찾아봅니다. 이를테면, 축축한 표면이나 마찰을 일으키는 방해 요인 등을 말이죠. 그렇게 해서 점차 변수 전부가 상호 연결되는 일련의 방정식 체계를 구축합니다. 그리고 그것이 전체적인 선체 시스템의 설계 방향을 기술해줍니다. 설계자는 이제 자기가 원하는 요트의 제작을 위한 매개변수 집합을 선택할 수 있습니다. 길이, 무게, 돛의 면적 등 각각의 매개변수에 값을 주는 겁니다. 그러면 마침내 제작할 요트의 성능에 대한 계량화된 예측을 얻을 수 있습니다."

요트를 설계할 때 레이스가 펼쳐질 당일의 기상 조건도 참작해야 한다. 그것은 컴퓨터 시뮬레이션이 바람과 파도의 모델까지 포함하고 있어야 한다는 것을 의미한다. 그 일을 제대로 해낸다는 것은 쉬운 일이 아니다. 1995년 샌디에이고에서는 대체적으로 약한 바람과 낮은 파도를 예상했다. 그러나 막상 레이스가 벌어지자 바람이 무척 강하고 파도도 거칠었다. 그런 날씨를 전혀 예상치 못한 오스트레일리아의 요트는 결국 파손되어 가라앉았다. 우승을 거둔 요트는 대회 기간 내내 계속된 거친 기상 상태를 염두에 두고 설계한 배였다.

마셜과 그의 설계팀은 컴퓨터의 방정식으로 모형화한 돛, 바람, 파도의 움직임, 선체의 모양 등과 더불어 컴퓨터 화면상에서 도식적인 다이어그램의 형태로 물살을 뚫고 나아가는 선체의 움직임을 디스플레이한다. 그들은 방정식의 특정 계수 값을 변경함으로써 서로 다른 모양과 크기를 가진 선체의 특성과 성능의 비례관계를 연구할 수 있다. 그들은 1995년에만 23가지의 서로 다른 컴퓨터 모델을 검토했다. 그 중에서 다섯 가지 모델을 일차로 선정하고, 각각 축소 모델을 만들어 물탱크와 풍동 안에서 전부 시험을 마쳤다. 마셜은 이렇게 설명한다. "컴퓨터 모델의 각종 수치를 실제 모델에 정확하게 반영해 검증해야 의미가 있습니다. 지금 우리는 2,500분의 1센티미터보다 작은 허용 오차에 관해 말하고 있는 겁니다."

실제 모델의 검증을 통해 얻은 자료를 다시 컴퓨터에 입력했다. 그리고는 다양한 기상 조건에서 열리는 가상 경주에 다섯 가지 모델을 출전

> 우리가 요트를 만들기 위해 사용한 많은 수학과 기술은 냉전 중 신무기를 만드는 과정에서 개발된 것이었습니다. 그것은 매우 정교한 재료였죠.
>
> **존 마셜** | 아메리카 컵 요트 경주 선수 |

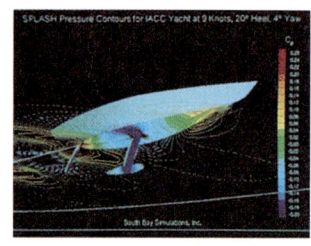

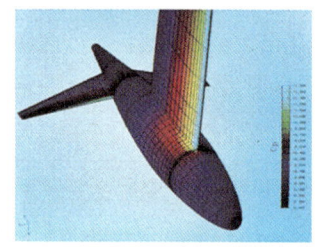

:: 이 그림은 선체와 선체 부속물 주위의 압력 패턴을 컴퓨터로 시뮬레이션한 이미지다. 엔지니어들은 막대한 비용을 들여 배를 실제로 건조하기 전에 이런 시뮬레이션을 통해 상이한 여러 가지 설계 모델을 검증할 수 있다.

시켜 최종적인 비교 검증을 마쳤다. 그런 다음, 그 가상의 경주에서 승리한 요트의 설계로 실제 요트를 건조해 아메리카 컵에 출전할 미국 대표를 선발하는 예선대회에 참가하기로 최종 결정했다. 그리고 그 배에 '영 아메리카(Young America)'라는 이름을 붙였다.

선발대회에 참가한 '영 아메리카 호'는 '마이티 매리(Mighty Mary) 호', '성조(Stars and Stripes)호' 등과 맞섰다. 수학은 선발대회 기간 내내 중대한 역할을 수행했다. 요트의 성능에 대한 자료는 무선 전신을 통해 뒤에서 쫓아가는 지원 보트로 계속 전송되고, 거기서는 컴퓨터를 이용해 요트의 실제 성능과 기존의 수학적 예측 자료를 비교함으로써 오차의 발생을 정밀하게 조정했다.

마셜은 전체적인 설계와 검증 과정을 전반적으로 회고하면서 다음과 같은 의견을 피력한다. "만일 어떤 공통 언어나 어휘가 없었더라면, 여러 사람이 함께 요트를 설계하는 일은 불가능했을 겁니다. 본질적으로 요트 설계의 수학은 더 나은 모태를 만들기 위한 방법이고, 팀원들 사이에서 개선이 이루어지고 있다는 합의를 이끌어내는 방법이며, 팀원 전체의 아이디어를 통합해 최종적인 결과물을 산출해내는 수단입니다. 수학적인 답변은 가장 믿을 만한 것으로 존중받습니다. 그것은 수학적인 답변이면 무조건 옳다는 것이 아니라 어쨌거나 그것이 우리가 내놓을 수 있는 최선의 답변이라는 뜻입니다."

결국 마셜과 그의 팀은 졌다. 데니스 코너(Dennis Corner)의 성조호가 뉴질랜드와 맞설 미국 대표로 선발되었다. 마셜도 무척 실망했음을 인정한다. "그렇게 많은 사람이 최선을 다했는데도 졌다는 사실은 받아들이기 어려웠죠. 하지만 우리의 요트가 가장 빠르다는 믿음에는 지금도 변함이 없습니다." 그의 맞수도 그 점을 인정했다. 그리고 아메리카 컵이 시작되자, 코너는 실제로 자기 배 대신 마셜의 요트를 사용했다. 그러나 레이스가 있던 날 더욱 거세게 휘몰아친 물살을 잘 요리한 뉴질랜드의 요트에 결국 지고 말았다.

실망했지만 단념하지 않은 마셜과 그의 팀은 연구소로 되돌아가 2000년 대회에서는 반드시 승리할 것을 다짐하고 새로운 요트의 설계에 들어갔다. 마셜은 말한다. "몇 초 차이로 갈릴 수 있는 요트 경주의 승패는 보잉 사가 간절히 바라는 연료 효율성 문제보다 더 절박한 것입니다." 대양에서의 레이스는 수많은 불확실성이 상존하지만, 그래도 한 가지만은 확실하다. PACT 2000팀이 비록 성공하진 못했더라도 수학 실력이 떨어져서 그런 것은 결코 아니라는 것이다.

:: 수조에서 시험중인 축소 모형의 선체.

회전 아니면 도약?

수학, 그래프, 차트, 컴퓨터 모형 등 아메리카 컵을 차지하기 위한 과학적 접근은 오늘날 올림픽 피겨 스케이팅에서 메달을 따기 위해서도 절실히 필요하다. 다른 대부분의 스포츠와 마찬가지로 이 분야에 수학을 활용한 것도 아주 최근의 일이다.

1980년대, 동유럽 출신의 피겨 스케이팅 선수들이 트리플 액셀 동작을 국제대회에 선보였다. 그 결과 그들은 세계 피겨 스케이팅 무대를 점령했고, 모든 메달을 휩쓸었다. 미국의 피겨 스케이팅 선수들이 그 경쟁에 다시 낄 수 있는 방법은 단 한 가지뿐이었다. 즉, 그 기술을 터득하고 숙달하는 것이다.

트리플 액셀은 스케이팅 선수가 전방을 향해 공중으로 30센티미터 정도 도약한 다음, 공중에서 완벽히 세 번 회전한 후 부드럽게 착지해 계속 스케이팅을 이어가는 동작을 말한다. 1980년 이전만 해도 이것은 실수하기 쉬운 무모한 동작으로 여겨졌고, 중요한 대회에서는 시도 자체가 금기시되었다. 그 동작을 연기할 줄 아는 미국 선수가 몇 명 있긴 했지만 제대로 연기할 수 있는 최선의 방법을 아는 사람은 없었다. 결국 대회 결과는 신통치 않았다. 더욱 심각한 문제는 코치들도 어떻게 가르쳐야 할지 모른다는 것이었다. 비결은 도대체 무엇일까? 높이 도약하는 것일까, 아니면 더 빨리 회전하는 것일까?

미국의 올림픽 피겨 스케이팅 코치인 캐시 케이시는 그 답을 반드시 알아내야 했다. 자기가 지도하는 선수들이 메달을 딸 수 있으려면 말이다. 그녀가 얘기를 꺼낸다. "1984년 스콧 해밀턴(Scott Hamilton)이 트리플 액셀을 하지 않고 올림픽에서 메달을 딴 마지막 피겨 스케이팅 선수였습니다. 1988년 무렵에는 그 동작이 비교적 흔해졌지요. 오늘날에

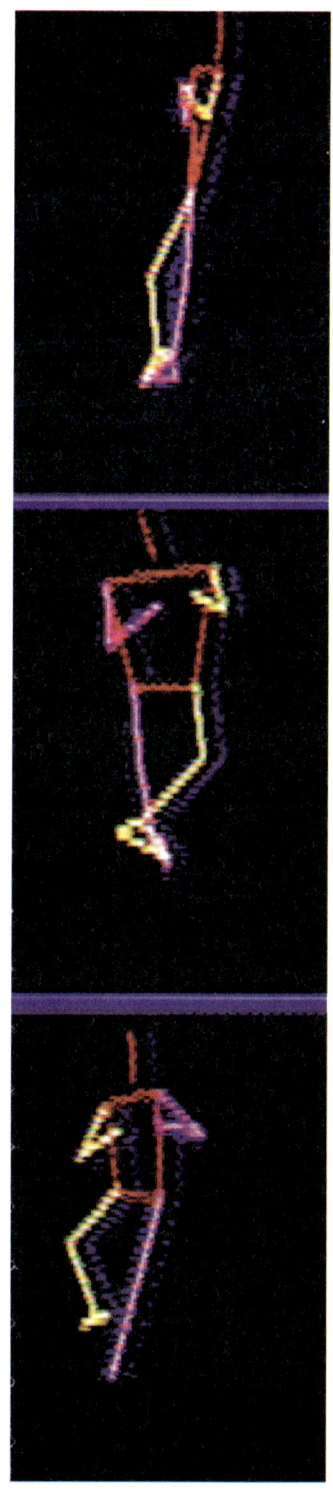

는 어떤 줄 아세요? 그 동작을 할 줄 모르면 어느 대회든 명함도 내밀지 못할 형편입니다." 그 답을 찾기 위해 케이시는 비교적 새로운 과학 분야인 생물역학에 귀를 기울였다. 생물역학은 트리플 액설처럼 동유럽에 그 기원을 두고 있는 학문 분야이다.

펜실베이니아 주립대학의 생물역학 과학자들이 트리플 액설의 분석에 착수했다. 첫 번째 단계는 그 동작을 수학의 언어로 번역해 컴퓨터로 시뮬레이션하는 것이었다.

데비 킹(Debbie King)도 그 작업에 참여했던 과학자 중 한 명이다. 이런 일이라면 생물역학 분야에서 킹보다 더 나은 적임자는 없었다. 학생 때 수학과 생물학을 전공한 그녀는 스포츠를 사랑한다. 킹은 동료들과 함께 세 대의 비디오카메라를 설치하고 선수들의 더블 액설과 트리플 액설 연기 장면을 녹화했다. 킹이 얘기한다. "캐시 케이시는 더블에서 트리플로 발전하려면 물리학이 어떻게 바뀌는지 알고 싶어했습니다. 물론 중력이라는 제한적인 힘은 변함이 없습니다. 문제는 세 번을 회전하려면 회전 속도를 더 빠르게 해야 하는가 아니면 도약을 더 높이 해야 하는가였습니다."

각각의 카메라가 다양한 각도에서 그 동작을 보여주었다. 킹은 각각의 정지 화면에

:: 왼쪽의 이미지는 각각 트리플 액설(위), 더블 액설(가운데), 싱글 액설(아래)의 모델이다. 이 세 모델에서 우리는 각 스케이트 선수의 도약 높이는 실제로 같으며, 이때 가장 중요한 차이는 자신의 팔을 얼마나 바짝 몸에 붙여 회전 속도를 높일 수 있느냐에 달려 있다는 사실을 알 수 있다.

:: 데비 킹은 트리플 액설을 연기하는 스케이트 선수의 컴퓨터 모델을 만들기 위해 아래의 데이먼 앨런의 사진에서 알 수 있는 것처럼, 선수가 하얀 점으로 보이는 특수 표지를 옷에 부착하고 도약하는 장면을 녹화했다. 그녀는 도약하는 과정에서 흰 점들의 위치 변화를 추적함으로써 몸의 정확한 탄도를 재구성할 수 있었으며, 컴퓨터상에 도약하는 스케이트 선수의 봉선화(棒線畵, 머리 부분은 원으로 사지와 체구는 선으로 나타낸 인체도)를 만들어낼 수 있었다. 그녀는 스케이트 선수의 도약 동작을 잡아낸 이 컴퓨터 모델을 통해 훌륭한 도약과 그렇지 못한 도약이 어떻게 다른지 정확하게 비교할 수 있었다.

서 선수의 주요 관절을 주목했다. 그녀는 기하학의 기법을 이용해 세 대의 카메라에서 나온 정보를 결합함으로써 자신의 데이터를 도약에 대한 3차원적 수학 표현으로 전환할 수 있었다. 그런 다음 컴퓨터를 이용해 분석에 들어갔다. "나는 공중에 떠 있는 각 관절마다 6분의 1초에 한 번씩 x, y, z의 좌표 값을 부여했습니다. 그리고 한 프레임에서 다음 프레임으로 바뀔 때 위치가 바뀐 관절의 이동 거리를 측정함으로써, 동작을 연기하는 선수의 관절이 이동하는 속도를 계산할 수 있었습니다. 또 관절의 각도도 정확히 잴 수 있었죠."

킹과 동료들은 17명의 스케이팅 선수를 연구했다. 그래서 훌륭한 도약과 그렇지 않은 도약을 비교함으로써, 내딛는 발의 최적의 도약 속도를 도출해낼 수 있었다. 그것은 케이시 코치에게는 매우 중요한 문제였다. 또한 그들은 도약의 비결이 빠른 회전에 있으며 높이 뛰는 것은 능사가 아닐 것이라는 케이시의 추측을 확인해주었다. 케이시는 이렇게 말한다. "그들의 분석에 따르면 더블 점프나 트리플 점프나 걸리는 시간은 동일합니다. 스케이트 선수가 두 번이 아닌 세 번의 회전을 하려면 더 빨리 회전해야 합니다. 빠른 회전을 할 수 있도록 온 에너지를 쏟아붓는 것이죠. 높은 도약이 공중에 떠 있는 시간을 늘려줄 수 있지만, 그러려면 에너지가 소모됩니다. 목표는 이제 분명합니다."

그 결과 케이시는, 국제대회에서 승리하려면 반드시 터득해야 할 고난이도의 동작을 어떻게 연습해야 하는지 어린 선수들에게 가르칠 수 있게 되었다. 데이먼 앨런도 그런 유망주 중 한 명이다. 케이시가 말한다. "데이먼은 뛰어난 잠재력을 갖고 있습니다. 이른바 재능을 타고났지요. 코치의 임무는 그런 인재를 잘 길러내는 것입니다."

데이먼이 한마디 거든다. "연구 전에는 트리플을 하려면 다리를 앞쪽으로 멀리 내뻗어야 한다고 믿었습니다. 그런데 실제로는 다리를 더 가까이 모아야 한다는 사실을 알게 되었죠. 그래야 공중으로 떠올라 훨씬 더 빠르게 회전 동작을 끝마칠 수 있으니까요."

데이먼이 트리플 액설을 연습하는 모습을 지켜보면서, 생물역학자 킹은 말한다. "이런 복잡한 움직임을 연기하는 데 채 1초도 걸리지 않습니다. 그 짧은 순간 겉으로 드러나는 모습 뒤에서 실제로 신체가 무슨 일을 하고 있는지 알아내는 일은 정말로 경이로운 경험입니다. 무엇보다 케이시와 데이먼이 알아야 할 유익한 정보를 제공해줄 수 있어서 무척 보람 있었습니다."

케이시는 수학적인 분석이 큰 도움을 주었다는 사실을 추호도 의심하지 않는다. "제 아무리 좋은 코치를 만나 제 아무리 훌륭한 의지를 갖고 연습한다 해도 그 목표가 엉터리라면 아무 소용이 없습니다. 수학적 분석은 훈련에서 어디에 초점을 맞춰야 할지 알려주었습니다. 수학적인 분석은 어두컴컴한 방에서 불을 켜는 것과 같은 효과를 불러일으킵니다. 여기저기 손을 더듬거리지 않고 무슨 일을 해야 할지 정확히 알 수 있는 거죠."

시스템을 가동하다

훈련에 열중하고 있는 운동선수 팀 디붐(Tim Deboom)은 특별한 적수와 맞서 경쟁하고 있다. 바로 자신의 이전 동작을 근거로 탄생한 수학적 모델로서의 또 다른 자신이다.

생물역학이라는 신과학은 선수들이 경기에 대비해 훈련하는 방식을 점차 바꿔가고 있다. 디붐도 그렇게 훈련하는 수많은 세계적인 선수 중 한 명이다. 그의 주종목은 새롭게 올림픽 종목에 채택된 철인삼종경기다. 이 경기에서 선수들은 수영으로 1.5킬로미터, 사이클로 40킬로미터, 그리고 달리기로 10킬로미터를 연이어 완주해야 한다. 디붐은 미국의

:: 세 종목을 한꺼번에 겨루는 철인삼종경기 선수들이 수영 종목에서 접전을 펼치고 있다.

올림픽 코치 조지 댈럼(George Dallum)의 지도 하에 콜로라도 스프링스에 있는 올림픽 트레이닝 센터에서 훈련중이다.

댈럼은 선수들 각자에게 맞는 특별한 훈련 프로그램을 개발한다. 그 프로그램의 기반이 된 자료는 개인적으로 실시한 종합 테스트에서 얻은 것이다. 최초 검사 단계는 3일에 걸쳐 진행되었고, 그 과정을 통해 세 종목에 관한 디붐의 각종 데이터를 취합했다.

첫째 날:달리기 달리기에 관한 생리학적 자료를 얻기 위해 디붐은 러닝머신 위에 올라섰고 모니터에는 그의 심장 박동 속도와 산소 흡입량이 기록되었다. 그리고 간간이 혈액을 검사해 최대 활동 한계에 도달했을 때 생성되는 유산(乳酸)의 양을 측정한다. 얼마나 많은 유산이 생성되느냐는 지구력 경쟁에서 특히 중요한 요인이다. 유산은 근육의 경직과 피로감을 유발하기 때문이다.

우리의 근육은 활동의 부산물로서 유산을 늘 생산하지만, 일반적으로 신체는 일단 유산이 생성되면 최대한 신속하게 그것을 제거한다. 그러나 근육이 장기간에 걸쳐 빠른 속도로 계속 활동하게 되면 신체는 평소처럼 빠르게 유산을 처리하지 못하고 체내에 축적한다. 그러면 근육은 피로를 느끼기 시작한다. 체내에 유산이 너무 많이 축적되면, 운동선수는 경기를 성공적으로 끝마칠 수 없다. 댈럼은 이 생리학적 데이터를 바탕으로 디붐이 과로하지 않으면서 신체적 능력을 확실히 개선할 수 있는 훈련 스케줄을 짤 것이다.

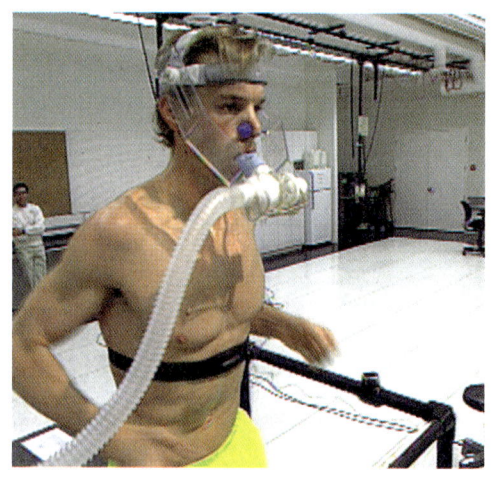

:: 팀 디붐이 러닝머신 위에서 측정 장비를 부착한 채 달리고 있다.

댈럼의 조교들은 디붐의 러닝 장면을 비디오로 찍어 동작이 전환되는 각 단계마다 관절의 각도가 어떻게 변화하는지 측정한다. 댈럼 코치는 이 자료를 활용해 디붐이 에너지를 조금이라도 더 효율적으로 활용할 수 있도록 아주 작은 부분까지 세심하게 러닝 자세의 변경을 요구할 수 있다.

댈럼은 운동선수의 러닝 유형을 연구하기 위해 선수들의 무릎과 발목에 특수한 표지를 부착한 다음 실제로 달리게 하여 그 장면을 비디오테이프에 녹화했다. 컴퓨터는 비디오테이프에서 그 표지들을 포착할 수 있고, 그 데이터를 이용해 운동선수의 러닝 자세를 정확하게 측정한다. 대퇴부와 관련해 그가 원하는 측정치 중 하나는 허벅다리의 최대 운동범위이다. 발을 내딛기 전에 허벅지가 앞뒤로 어느 정도 오가는지 알고 싶은 것이다. 그 다음은 무릎의 최대 굴절도에 주목한다. 즉, 달릴 때 허벅다리와 정강이 사이의 각도가 얼마나 많이 좁혀지는지 알고 싶은 것이다. 또한 발을 내딛을 때 정강이의 각도도 주목한다.

둘째 날 : 사이클 디붐은 검사실의 사이클에 올라탄다. 댈럼과 그의 동료들이 디붐의 생리적인 신체 활동 능력을 측정하는 동안, 생물역학자인 제프 브로커(Jeff Broker)는 열심히 페달을 밟고 있는 디붐의 동작을 녹화한다. 디붐에게 그의 신체 치수에 맞는 자전거를 맞춤 제작해주기

우리는 스포츠를 늘 이리 뜯어보고 저리 뜯어봅니다. 상호 작용하는 힘은 무엇이며, 구체적으로 어떤 동작이 필요한지 규명하는 것이죠.
그런 다음에는 그 데이터를 가지고 되돌아와 이렇게 묻습니다. "좋아, 이제 어떻게 하면 최적의 상태에 도달할 수 있지?"
우리는 그 답을 찾기 위해 수학 속으로 아주 깊이 파고듭니다.

제프 브로커 | 스포츠 생물역학자 |

위해서이다. 브로커는 말한다. "신체는 사람마다 다 다릅니다. 내 임무는 팀의 몸에 맞는 기계를 만들어주는 것이죠. 올림픽 경기의 승패는 간발의 차이로 결판나기 때문에, 팀이 가진 에너지를 최대한 효율적으로 끄집어내는 것이 매우 중요합니다. 우리는 공기역학상의 장애 요인과 페달 쪽의 기계적인 문제를 특히 주목하고 있습니다. 팀이 최대한 능률적으로 페달을 밟으며 동시에 공기 저항을 줄이는 방법을 찾기 위해 공기역학적 저항과 러닝머신을 연구합니다."

사이클 설계의 과학을 설명하는 브로커에게 귀를 기울여보면 경주용 요트를 설계하는 존 마셜과 매우 비슷한 얘기를 듣게 된다. 브로커는 페달을 밟는 동작 전반에 걸쳐 대퇴부와 정강이의 각도를 측정한다. 그는 양발이 페달에 가하는 힘을 각각 측정한다. 그리고 마치 항공기 설계자처럼 공기역학적인 측면을 세세한 부분까지 연구한다.

브로커가 설명한다. "대부분의 공기 저항은 운동선수 본인에게 있습니다. 선수의 자세야말로 가장 중요하지요. 우리가 선수에게 가장 좋은 자세를 찾아주려고 애쓰는 것도 그 때문입니다. 그래야 최대한의 힘을 발휘할 수 있지요. 올해 세계선수권대회와 애틀랜타 올림픽에서 자전거 때문에 몇 개의 세계 신기록이 깨졌고, 또 몇 개는 깨지지 않았습니다. 모두가 최고의 자전거를 가지고 대회장에 나타났지만 세계 기록은 몇 가지 혁신적인 자세 때문에 깨졌습니다. 이탈리아와 영국의 선수는 전혀 새로운 승차 자세를 선보였죠. 자전거를 탄 상태에서 양

:: 팀 디붐이 한쪽 페달을 밟는 동작을 컴퓨터로 분석한 이미지. 화살표는 바퀴가 완전히 한 번 회전할 때 페달에 가해지는 힘의 세기를 나타낸다.

팔을 거의 쭉 펴서 앞쪽으로 아주 높게 내뻗는 자세였습니다. 4분 정도면 결판나는 경기에서 이런 자세로 거의 11초가량을 단축했습니다. 다른 사람보다 1.6킬로미터를 11초나 더 빠르게 질주한 셈입니다. 그런 자세는 지금까지 누구도 생각하지 못한 것이었지요. 사이클 선수가 고속으로 질주할 때는 공기역학이 극히 중요합니다. 그것은 우승하느냐 아니면 입상도 못하느냐를 결정하는 차이가 될 수도 있습니다."

셋째 날:수영 선수가 물 속에 있을 때는 지속적인 검사가 불가능하기 때문에, 댈럼은 디붐의 동작을 모니터하기 위해 수학에 의존한다. 댈럼은 말한다. "이것도 우리가 수학을 이용하는 많은 방식 중 한 가지입니다. 검사가 단절되는 동안은 팀의 신체가 어떤 상태에 있는지 추정할 수밖에 없지요. 바로 수학적 분석이 그 빈 칸을 채워줍니다."

댈럼은 이렇게 설명한다. 그렇게 하기 위해 "우리는 선수들에게 훈련이 진행될수록 조금씩 속도를 높여 특정 거리를 헤엄치라고 요구합니다. 그때 우리는 그들의 유산 분비량, 심장 박동 속도, 작용력의 인식 정도, 스트로크의 빈도 수와 총 횟수 등을 측정합니다. 이상적으로 말하자면, 그렇게 해서 선수가 경기 당일 최상의 상태에 도달할 수 있게끔 훈련시켜나갑니다."

러닝, 사이클, 수영, 이 세 종목에 관한 자료를 일단 모두 취합하면 댈럼은 디붐의 훈련 계획을 짜기 시작한다. 댈럼은 말한다. "우리는 이것을 바탕으로 팀에 대한 정확한 프로파일을 구축할 수 있습니다. 원한다면 숫자로 된 모델도 가능하지요. 기존에 확보한 방대한 양의 데이터베이스를 토대로 팀의 모델을 세계 기록 보유자들과 비교해 동일한 측면과 상이한 측면의 패턴을 가려냅니다. 그런 비교를 통해 우리는 디붐에게 안성맞춤인 그만을 위한 훈련 계획을 수립할 수 있고, 시간이 흐르면 그의 프로파일이 어떻게 개선되어갈 것인지도 예측할 수 있습니다."

일단 프로파일이 확정되면, 디붐은 자신의 수학적 모델과 경쟁하는 훈련에 돌입한다.

아메리카 컵 요트에서 아주 작아 보이지만 실은 매우 결정적일 수 있는 미세한 성능의 향상을 도모하는 존 마셜과 마찬가지로, 조지 댈럼 같은 코치들 역시 그렇게 작지만 결정적인 열쇠가 될 수 있는 무언가를 찾고 있는 중이다. 댈럼은 철인삼종경기 선수들과 자신이 함께 활용하는 과학과 수학에 대해 이렇게 말한다. "이 모든 부가적인 노력의 목표는 그 마지막 5퍼센트 내지 10퍼센트의 개선을 이루어내는 것입니다. 세계선수권에서 15등 정도의 선수를 2등 내지 3등으로 끌어올리려면 그 정도의 개선이 반드시 필요합니다. 우리가 일년 내내 열심히 노력해도 선수의 최종 기록에서 단지 1분이나 2분 정도 단축하는 수준일 겁니다. 하지만 그 정도면 상위 10명 안에 드는 정도의 수준에서 메달을 딸 수 있는 수준으로 도약하기에 충분하지요. 우리가 하는 이런 프로그램은 바로 그 점을 염두에 둔 것입니다."

"기본적으로 운동은 신체에 부담을 줍니다. 요는 신체가 감당할 수 있을 만큼의 부담만을 주면서, 신체를 튼튼하게 만드는 겁니다. 다시 말해, 최소한의 신체적 부담으로 최대한의 체력 증대를 이끌어내는 것이죠. 그러려면 일정 기간에 걸친 점진적인 노력이 필요하겠죠. 수학적 분석이 우리에게 도움이 되는 점은 그런 일반적인 모델에 정밀성을 제공해준다는 것입니다. 그리고 아주 미세하지만 점진적인 변화를 성취해내려는 우리의 노력에도 말입니다."

마음속에서

야구공과 골프공의 공기역학에서부터 테니스 라켓과 대양 경주용 요트의 설계, 트리플 액셀의 역학과 지구력이 필요한 운동선수의 훈련에 이르기까지, 오늘날 수학은 스포츠의 많은 측면에서 중대한 역할을 수행하고 있다.

그러나 노련한 코치가 늘 말하는 것처럼, 운동 장비를 개선하고 최적의 훈련 방식을 개발하는 것만으로는 선수의 신체적 능력이 어느 정도이든 성공을 보장하기에 충분하지 않다. 진정한 성공을 위해서는 올바른 정신적 태도가 반드시 필요하다. 세계적인 선수들이 대회를 앞두고 새로이 정신 무장을 하는 데도 수학이 도움을 줄 수 있을까? 브래드 하트필드(Brad Hartfield)는 그럴 수 있다고 생각한다.

:: 뛰어난 사격선수인 킴 하우(Kim Howe)가 전압 측정기를 부착하고 막 사격을 하려는 장면.

메릴랜드 대학교의 심리학 교수인 하트필드는 경기 중에 일어나는 선수들의 심리 변화를 이해하기 위해 그들의 두뇌 활동을 연구하고 있다. 그는 이렇게 말한다. "운동선수의 정신력을 강화시킨다는 수박 겉핥기식 엉터리 방법이 난무하고 있습니다. 하지만 운동선수에게 어떻게 정신 훈련을 시켜야 할지 아직까지도 과학적인 관리 방법이 제시되지 못하고 있습니다. 그래서 우리는 지금 운동선수들의 두뇌가 어떻게 작동하는지 연구중입니다."

"운동 심리학자는 먼저 근육과 심혈관계를 들여다볼 것입니다. 대부분의 운동 심리학자는 뇌를 제대로 다루지 않습니다. 우선 그들은 선수들의 생각을 묻거나 혹은 전형적인 심리 검사, 인성 검사, 불안 검사 등을 실시해 그들의 답변에 주목하겠지요. 한 사람이 심리 검사에 응하는 것과 실제로 대회에서 경쟁을 벌이는 것 사이에는 엄청난, 실로 엄청난 간격이 있습니다. 만일 뇌를 들여다본다면, 무엇이 선수의 경기 수행 능력을 한층 강화해주는지 좀더 잘 이해할 수 있으리라 생각합니다. 고도의 경기력을 갖춘 선수가 될 수 있는 요인이 무엇인지 말이지요."

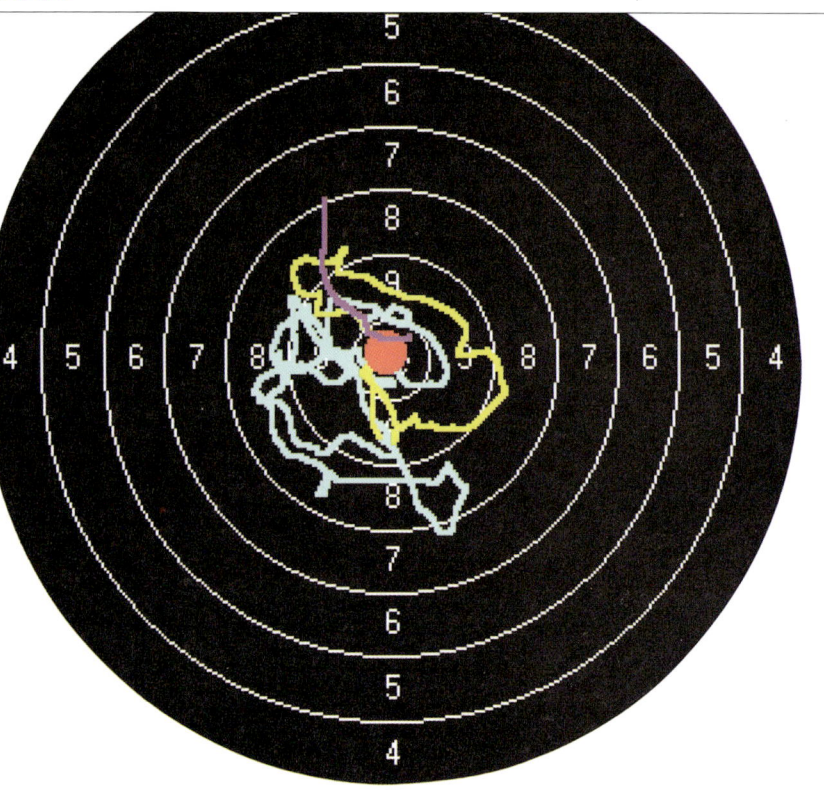

:: 사격선수가 총을 발사하기 직전, 표적에 총구를 겨냥하고 있는 모습을 컴퓨터로 분석한 이미지. 왼쪽은 숙련자의 것으로 총구가 표적 정중앙에 집중해 있다. 그러나 오른쪽은 초심자의 것으로 표적 주위에서 크게 흔들리고 있음을 보여준다. 크게 흔들리는 총구가 때로는 컴퓨터 이미지 프레임을 아예 벗어나기까지 한다. 그에 비하면 숙련자는 소총을 훨씬 안정적으로 붙잡고 있는 것이다.

하트필드의 측정 장비는 매우 민감하기 때문에 격렬한 신체 활동이 필요한 종목에서는 측정을 망칠 수도 있었다. 그래서 그는 올림픽 사격선수들의 정신 활동에 주의를 집중하기로 결정했다. 사격 종목을 택한 것은 사격선수는 경기 중에 결정적인 순간이 되면 미동도 하지 않지만, 다른 한편으로는 여느 운동선수와 전혀 다를 바 없는 강한 정신적 압박을 받기 때문이다. 그들에게는 완벽한 집중력, 철저한 신체 조절 능력, 그리고 최고 수준의 경쟁에 당연히 뒤따르는 긴장감을 극복할 수 있는 능력이 필요하다. 또한 경기 결과를 아주 정확하게 측정할 수 있다는 것도 이점이다. 즉 표적을 정확히 맞추었는지, 아니면 얼마나 벗어났는지를 대번에 알 수 있다는 얘기다.

하트필드와 그의 동료 에이미 하우플러(Amy Haufler)는 사격선수의 머리에 전압 측정기를 부착해 경기가 진행되는 각 단계마다 뇌의 여러 부분에서 발생하는 전기 자극의 강도를 측정한다. 측정 결과는 뇌 안에서 어떤 정신 활동이 진행되고 있는지 보여주는 복잡한 파형 배열인 뇌전도(electroencephalogram), 즉 EEG로 나타난다.

하트필드는 이런 접근 방식 배후에 놓인 이론을 설명한다. "우리는 뇌의 두 반구 사이에 차이가 있다는, 잘 알려진 원리를 근거로 구성한 뇌의 모델을 갖고 있습니다. 뇌의 좌반구는 주로 자기와의 대화에 사용합니다. 언어가 가장 주목할 만한 특징이지요. 한편, 오른쪽 뇌는 좀더 활동적이라고 말할 수 있습니다. 우뇌는 운동감각이나 근각 조절에 좀더 민감하며, 신체가 공간을 이동할 때 활용하는 시각·공간적 좌표에 좀더 많이 관여합니다. 실력이 아주 저조한 사격선수는 좌반구가 훨씬 활성화되어 있을 겁니다. 그들은 무엇을 해야 할지를 놓고 너무 많은 생각을 하는 것이죠. 고도로 숙련된 선수는 아마도 좌반구가 덜 활성화되었을 것입니다. 우반구의 활성화가 주의집중의 관건이라고 믿습니다. 흔히 운동선수는 주의집중이 무엇보다 중요하다고 말합니다. 우리는 그 비밀이 운동선수의 뇌에서 측정되는 여러 가지 활동에 숨어 있다고 믿

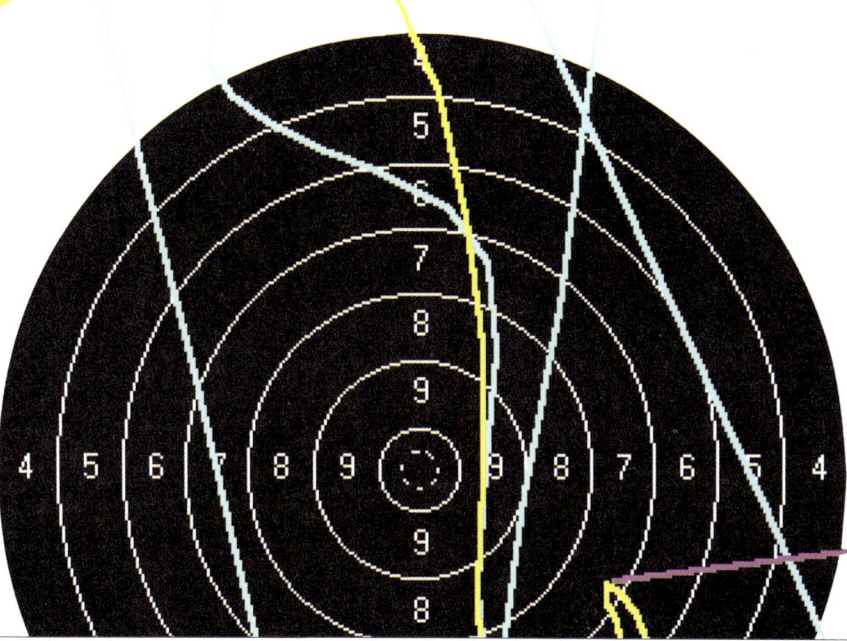

습니다."

EEG 이미지를 해석하기 위해 하트필드와 하우플러는 '푸리에 해석 (Fourier analysis)'이라는 수학적 기법을 사용한다. 그것은 복잡한 파형을 훨씬 간단한 파형의 집합인, 이른바 사인곡선의 파형으로 분해해놓는 것이다. 이를테면, 빵 반죽을 계란, 밀가루, 우유, 버터, 소금 등 기본적인 성분으로 나누어놓는 것에 비유할 수 있다. 물론 구운 빵이라면 원재료를 분리할 수 없을 것이다. 빵을 화학적으로 분석한다면 원래 성분이 무엇이었는지는 밝혀낼 수 있을 테지만 말이다. 그러나 파형의 경우에는 19세기의 프랑스 수학자 자크 푸리에(Jacques Fourier)가 어떻게 복잡한 파형을 기본적인 파장 성분으로 분리해낼 수 있는지 잘 보여주었다.

오늘날 '푸리에 해석'이라고 알려진 푸리에의 방법은 과학, 공학, 통신, 그리고 그 밖의 여러 영역에서 널리 사용되고 있다. 간단한 파장을 가지고 '거꾸로' 복잡한 파형을 만들어가는 신시사이저의 기본 원리 역시 푸리에의 방법을 이용한 것이다.

하트필드는 푸리에 해석이 현실 세계에서 수학이 통하는 전형적인 사례라고 생각한다. "그것이 바로 수학의 아름다움이지요. 수학은 우주를, 혹은 자연을 몇 가지의 간단한 원리로 나누어놓습니다. 우리가 마음이라는 매우 복잡한 구조물을 가지고 하려는 작업도 그것입니다."

한 선수의 뇌에서 얻은 EEG 자료에 푸리에 해석을 적용하면 그의 머릿속에서 여러 가지 상이한 활동들이 진행되

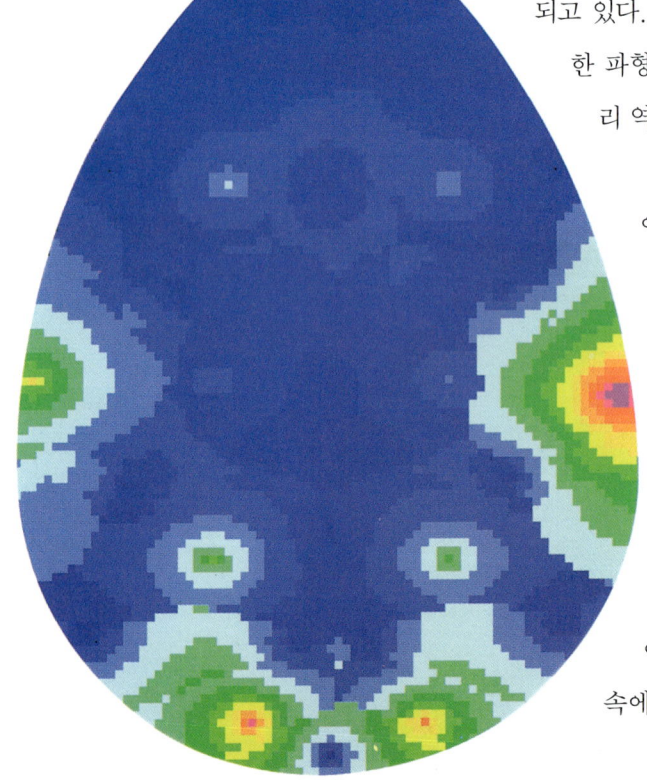

:: 아래쪽은 숙련된 사격선수의 뇌지도(brain map)이고, 오른쪽은 초심자의 것이다. 둘 다 방아쇠를 당기기 1초 전의 상황을 포착한 것이다. 이 이미지는 뇌를 위에서 바라본 것으로 그림 위쪽이 머리 앞부분이다. 분홍색은 활성도가 높은 부분을 표시한다. 이 지도를 통해 숙련자의 좌뇌는 훨씬 덜 활성화되어 있으며 사격하는 순간에 정신적 에너지의 표출이 매우 낮아져 있음을 확실히 알 수 있다.

고 있음을 일목요연하게 볼 수 있다. 예를 들어, 8에서 13헤르츠 사이의 알파파가 활성화되어 있으면 마음의 상태는 매우 이완되어 있으면서도 경계를 늦추지 않는다는 특징을 갖는다. 반면에 14에서 33헤르츠 사이인 베타파가 활성화되면 매우 활동적인 인지 작용이 이루어지고 있음을 말해준다.

하트필드와 하우플러는 사격선수의 뇌 활동을 측정해 푸리에의 방법으로 그 결과를 분석함으로써 경기가 진행되는 각 단계별로 다르게 활성화되는 뇌의 상이한 영역과 그 영역에서 일어나는 정신적 활동에 대한 지도를 그릴 수 있게 되었다. 그들은 숙련된 사격선수의 뇌 활동 지도와 신참 사격선수의 뇌 지도를 비교함으로써 그야말로 환상적인 사실을 발견했다. 신참 사격선수의 뇌에서는 높은 에너지를 가진 베타파의 활동이 매우 활성화되었던 것이다. 특히 분석적 사유를 지배하는 좌뇌에서 주로 그 파장이 활성화되었는데, 그것은 초심자의 경우 사격을 하는 과정에서 고(高)에너지를 방출하는 인지 작업을 꽤나 많이 수행한다는 의미다. 그러나 숙련된 사격선수는 그렇지 않다. 숙련자와 초심자의 차이는 특히 좌뇌에서 아주 컸다.

숙련자는 실제 사격에 임할 때 훨씬 적은 분석 과정을 거친다. 그리고 훨씬 큰 정신적 효율성을 유지하며 사격을 한다. 하트필드는 이렇게 설명한다. "사람들은 그것을 물 흐르듯 진행되는 상태라고 말하죠. 이른바 알파 상태인데, 별다른 생각 없이 그냥 그

> 스포츠 심리학의 가장 큰 발전은 컴퓨터 과학과 전기 공학의 발전에서 비롯할 것입니다. 그것은 마음의 과정을 측정할 수 있게 해주기 때문입니다. 이를테면, 훨씬 눈에 잘 보이고 좀더 현실감 있게 말이죠.
>
> 브래드 하트필드 | 스포츠 심리학자 |

일을 하는 것을 말합니다. 무슨 잠언록에 나오는 얘기 같지만, 우리의 목표는 그 실제 진행 과정을 계량화하는 겁니다."

하트필드는 이 연구가 아직도 상당 부분 걸음마 단계에 머물러 있다는 사실을 인정한다. 이 결과를 실제 경기력 향상에 적용하기까지는 몇십 년을 더 기다려야 할지도 모른다. 물론 목표 자체는 조지 댈럼 코치가 근지구력이 필요한 운동 경기 훈련 프로그램을 개발하면서 물리적·생리학적 데이터를 활용하는 방식과 매우 비슷하다. 하트필드가 말한다. "우리가 운동선수의 뇌 활동을 정확하게 모델화할 수 있다면, 운동선수는 누구나 자신의 모델을 상대로 연습할 수 있을 겁니다. 우리가 육체적인 영역에서만큼 구체적인 형태로 정신적 훈련을 할 수 있으려면 아마 50년은 더 걸릴지 모르죠. 하지만 수학적 모델과 기술이 진보하면 오늘날 신진대사와 역학적인 능력을 개선하기 위해 육체 훈련을 하듯이, 앞으로 뇌의 활동을 통제하고 최적화하는 방법을 연습하는 운동선수가 등장할 가능성은 분명히 있다고 봅니다."

많은 사람들이 인간 정신의 최고 산물로 여겨온 수학은, 하트필드 같은 심리학자들의 작업을 통해 마침내 수학을 만들어낸 바로 그 인간의 정신을 이해하려는 노력을 지원하기 시작했다. 그리고 하트필드는 그 과정에서 운동선수가 자신의 능력을 개선하고 이전에는 결코 꿈꾸지 못한 높은 목표를 성취하도록 도울 수 있을 것이다.

어떤 사람은 운동선수에 대한 현대의 과학적 접근이 어떤 의미에서 '순수하지 않다'고 생각한다. 사람들은 차트와 도표, 과학적 도구, 생리학적 측정 장비와 두꺼운 분량의 컴퓨터 출력물을 들여다보고는 운동 경기의 원래 목적이 상실되었다고 느낀다. 그러나 수학에 기반을 둔 오늘날의 접근 방식이 정말로 과거의 훈련 방식과 다른 것인가? 우리는 원래의 이상을 잃어버린 것인가? 올림픽 철인삼종경기 코치인 조지 댈럼은 그렇게 생각하지 않는다. "최고의 운동선수는 인간의 잠재력을 극대

화한 이상적 표상입니다. 그들은 고대 그리스에서 신으로 추앙받았지요. 크로톤의 밀론은 고대의 올림픽 선수였습니다. 그는 갓 태어난 송아지를 매일 일정한 거리만큼 지고 나르는 훈련을 했습니다. 그 송아지가 완전히 자라 소가 되었을 때, 밀론은 훨씬 더 강해져 있었습니다. 그것이 바로 우리가 지금 하고자 하는 작업의 개념입니다. 그런데 다만 수학적으로 좀더 정밀해지자는 것뿐이죠."

Life by the NUMBERS

05

세계의 모양

A에서 B로 가느냐 혹은 세계를 먹여살리느냐
위에서 바라본 관점
산 사나이
바다 밑
우주는 구부러져 있나
마음의 우주

나일 강 유역에 살던 고대 이집트인은 폭우가 내릴 때마다 거듭되는 한 가지 골치 아픈 문제를 해결해야 했다. 불어난 물살이 제방을 무너뜨려 주변의 평야를 휩쓸어버리는 바람에 농부들이 땅의 경계로 삼았던 표지가 감쪽같이 사라져버리곤 했던 것이다. 이 문제를 해결하려면 유실된 경계선을 정확하게 복구할 수 있는 방법이 필요했다. 한마디로 지표면을 측량해 지도의 형태로 경계 표시를 남기자는 얘기였다. 그렇게 해서 기하학이 탄생했다. 하지만 이야기는 거기서 끝난 것이 아니다. 어쨌든, 기하학(geometry)은 지구를 뜻하는 'geo'와 측량을 뜻하는 'metros'라는 그리스어에서 나왔다.

5,000년 전 고대 이집트에서 처음 시작된 이래, 기하학은 수많은 응용 분야를 가진 풍부하고 강력한 수학의 한 분야로 발달했다.

∷ 1635년 제작된 빌렘 얀준 블라위(Willem Janzoon Blaeu)의 세계지도. 그는 넓은 화판에 4원소, 당시에 일곱 개로 알려져 있던 태양의 행성, 사계절, 그리고 세계 7대 불가사의를 묘사했다.

현대의 지도 제작술도 그와 똑같은 동기에서 출발해 발달했다. 즉, 사람들이 다음과 같은 질문에 좀더 신뢰할 만한 답변을 원했기 때문이다. 나는 어디에 있는가? 내가 가고 싶은 곳에 어떻게 도달할 수 있는가?

이런 질문에서 시작해 이제는 대륙의 모양, 여러 지역과 나라의 모양, 강의 위치와 모양, 산맥의 위치와 복잡한 도로망 등 지구의 모양을 소상히 알게 되는 상황에까지 이르렀다.

오늘날에도 지도 제작자들은 지도를 그리기 위해 기하학을 활용한다. 나이절 홈스(Nigel Holmes)는 현대적인 지도 제작자이다. 그의 지도는 《뉴욕 타임스》나 《스포츠 일러스트레이티드(Sports Illustrated)》 같은 언론 매체에 매주 등장한다. 이를테면, 어디에서 폭탄이 터졌는지, 비행기가 어디에서 추락했는지, 무장 충돌이 어디서 벌어졌는지 보여주는 것이다.

지도를 그릴 때, 홈스 역시 모든 지도 제작자들이 늘 직면하게 되는 동일한 기하학적 문제를 해결해야 한다. 그 문제는 두 가지 측면으로 되어 있다. 그리고 보통은 한 측면이 나머지 다른 측면에 영향을 미치기 때문에 좀더 어려워진다. 첫 번째는 축척이다. 지도 제작자는 도시의 한 블록에서부터 나라 전체, 혹은 세계 전체를 몇 센티미터밖에 되지 않는 종이 위에 어떻게든 표현해야 한다. 그러기 위해 이를테면, 지도상의 1센티미터가 실제 도시의 0.25킬로미터 거리에 대응한다거나 혹은 지구 표면의 수천 킬로미터에 대응하는 등의 방식으로 일정한 축척에 맞춰 그려야 한다.

한 도시의 지도를 그리거나 아예 작은 나라 전체를 그리는 경우에는 '축척에 맞춰' 그리는 것이 그다지 어렵지 않다. 단지 고정된 '축척지수(scale factor)'를 근거로 모든 측량 결과를 셈하면 되기 때문이다. 이런 경우에 어려운 문제는 얼마나 세세한 내용까지 지도 안에 집어넣을 것인가이다. 이것은 수학적 문제가 아니며, 지도의 용도에 따라 달라진다.

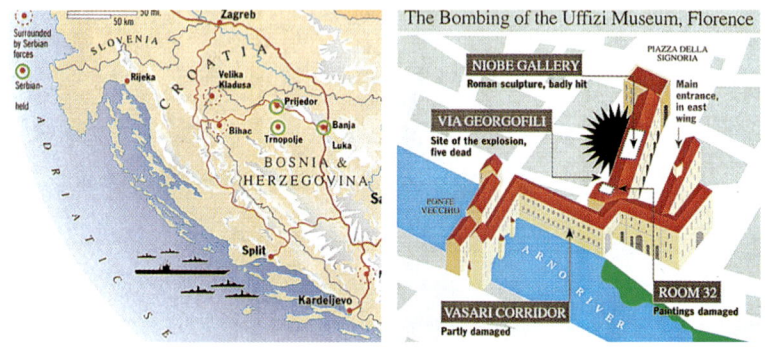

:: 나이절 홈스의 두 지도는 각기 다른 축척의 적용 사례를 보여준다. 왼쪽의 지도는 보스니아-세르비아 간 전쟁에서 사라예보 시 방어를 위한 전략적인 문제가 무엇인지 이해할 수 있도록 상당히 광범위한 구역을 한 장의 지도에 담았다. 한편, 오른쪽 지도는 이탈리아 플로렌스에 있는 우피치 박물관에 초점을 맞춰 폭탄에 파손된 곳이 어디인지 확실히 보여주고 있다.

문제가 까다로워지는 것은 지표면의 꽤 넓은 구역을 지도에 담아야 할 때이다. 이때 지도 제작자가 맞닥뜨린 두 번째 문제가 드러난다. 결국 지구의 곡률(曲率)이 문제인 것이다. 둥근 지표면을 어떻게 평평한 지도 위에 표현할 것인가?

홈스는 그 문제를 설명할 때 지구를 오렌지에 즐겨 비유한다. 지표면을 그리는 가장 확실한 방법은 껍질을 벗겨 그것을 평평하게 펴놓는 것이다. 그러나 아무리 애를 써봐도, 오렌지 껍질은 완전히 펴지지 않기 마련이다. 지도 제작자가 수학에 귀를 기울이는 이유는 바로 그 오렌지 껍질의 문제를 극복하기 위해서이다.

결국 지도 제작자 앞에 놓인 결정적인 문제는 지구의 둥근 표면을(혹은 그 중 일부를) 평평한 종이 위에 어떻게 나타낼 것인가이다. 수학자들은 그런 식의 표현을 '투영'이라고 한다. 그들은 지구의 표면이 평면 위에 투영된다고 말한다. 이상적으로 말하자면, 지도 제작자는 방향, 모양, 축척에 따른 거리와 면적 등 중요한 기하학적 특징을 지도상에 정확하게 표현하고 싶어한다. 다시 말해, 정말로 쓸모 있는 지도는 A에서 B로 가려면 어느 방향으로 움직여야 하며, 특정한 구역 C(주, 나라, 지형학상의 구역 등)의 모양이 어떻게 생겼고, A에서 B까지 얼마나 멀리 떨어져 있으며, 구역 C는 얼마나 큰지 등을 말해줄 수 있어야 한다. 그러나 오렌지 껍질의 문제로 인해 이 네 가지 특징을 단번에 살릴 수 있는 투영법을 발견하기란 불가능하다. 그래서 지도 제작자는 지도의 주된 용도에 따라 어디에 주안점을 둘 것인지 선택해야 한다. 일단 용도가 정해지면 기하학에 의존해 적절한 투영법을 찾는다. 하나의 기하학적 모양에서 다른 모양으로, 즉 구에서 평면으로 점들을 옮기는 적절한 공식을 찾는 것이다.

A에서 B로 가느냐 혹은 세계를 먹여살리느냐

유럽과 북아메리카의 학생용 지도책에서 흔히 보는 친숙한 것은 메르카토르 투영법이다. 그것은 1659년 플랑드르의 지리학자 게라르두스 메르카토르(Gerardus Mercator)가 선원들에게 신뢰할 만한 항해 경로를 제공하기 위해 도입한 지도 제작 방식이다.

현대적인 전자 항법 시대가 열리기 훨씬 전인 16세기에 선원들이 지도상에서 주목해야 할 가장 중요한 요소는 나침반의 방위였다. 당시에 항해의 방향은 거리보다 더 중요한 문제였다. 따라서 지도를 작성할 때 주안점도 방향의 정확성이었다. 이를테면, 메르카토르의 지도 위에 지중해의 지브롤터에서 신세계의 보스턴에 이르는 직선을 그렸다면, 그 선은 나침반의 방위각을 일정하게 유지하며 갈 수 있는 항로가 되었다. 게다가 그 직선상의 어느 지점에서 보더라도, 실제로는 메르카토르 지도상의 어떤 지점에서도 북쪽은 곧장 그 지점 위쪽에 있고, 남쪽은 곧장 아래쪽에 있게 된다.

메르카토르는 이런 지도를 어떻게 그렸을까? 기본적인 열쇠는 격자눈금 시스템(grid system)에

:: 1569년에 출판된 메르카토르의 유명한 세계 지도. 대륙의 상대적인 크기와 모양이 왜곡되어 있음을 주목하라.

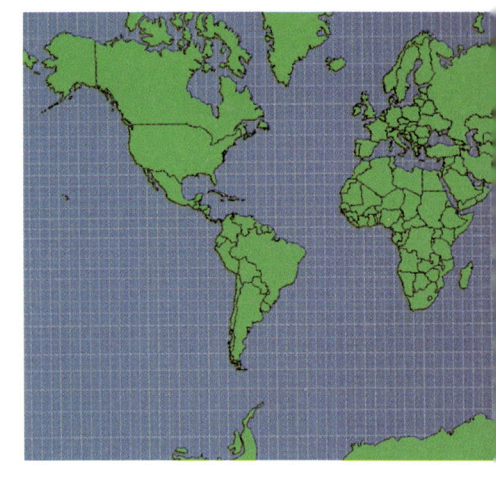

있다. 격자눈금 시스템이란 지도 위에 구체를 따라 휘어져 있는 위도와 경도를 지도 위에 나타내는 것이다. 일단 격자눈금 시스템을 그리고 나면, 남은 일은 구체의 격자눈금 칸에 들어 있는 세부 사항을 그에 상응하는 지도상의 격자눈금 칸으로 옮기는 일 뿐이다. 물론 격자눈금 시스템 역시 오렌지 껍질 문제와 지도의 축척 문제를 해결해야 한다.

메르카토르의 지도는 정방형 격자눈금을 사용한다. 경도는 수직선으로 그리고, 위도는 수평선으로 그린다. 그렇지만 기껏해야 몇 백 킬로미터 정도를 담아내는 도시계획도나 지방도의 경우에는 정방형 격자눈금이 모든 면에서 전혀 문제될 것이 없다 해도, 세계 지도의 경우라면 중대한 문제가 드러난다. 즉 모양이 왜곡되는 것이다. 왜곡은 적도로부터 멀어질수록 더욱 심해진다. 극점 부근의 작은 지역들이 넓게 쫙 펼쳐지기 때문이다. 예를 들면, 메르카토르 지도에서 위쪽에 있는 그린란드는 아주 넓은 거대한 대륙으로 나타난다. 그러나 그 섬의 실제 크기는 메르카토르 지도상에서 아주 작게 보이는 멕시코만할 뿐이다.

메르카토르는 나침반의 방향과 일치해 항해사가 사용할 수 있는 정방형 지도를 그리고자 했다. 그는 적도에서 멀어질 때 발생하는 수평 거리의 확장을 상쇄하기 위해 극점으로 갈수록 위선 사이의 수직 거리를 조금씩 증가시켰다. 그는 이렇게 적었다. "나는 적도에서 멀어질 때 위선들의 길이가 실제보다 길어지는 것과 같은 비율로 위선 사이의 간격을 넓혔다." 그는 위선들간의 상이한 거리를 더 정확히 계산해 격자눈금 시스템을 그릴 수도 있었지만, 기술적인 도해법을 적용해 그 문제를 기하학적으로 처리했다.

　메르카토르의 지도는 나침반에 의존해 항해하던 시대에는 유용했지만, 실은 여러 가지 단점을 갖고 있다. 예를 들면, 오늘날 일반적으로 사람들은 항법적인 이유가 아니라 사회적인 이유에서 세계 지도를 참조한다. 즉 세계 전반에 대한 이해를 얻고, 중요한 사건이 어디서 벌어졌는지 확인하기 위해서인 것이다. 그런 용도라면 나침반의 방위와는 무관하며, 당연히 모양과 면적이 중요하다.

　예를 들면, 메르카토르의 지도는 그린란드를 아프리카 대륙과 같은 크기로 그린다. 그러나 실제 아프리카는 3,000만 평방킬로미터로 210만 평방킬로미터인 그린란드보다 거의 15배나 더 크다. 또한 메르카토르의 지도는 아프리카를 북아메리카보다 약간 작게 그린다. 그리고 두 대륙의 크기가 막상막하라는 인상을 심어준다. 그러나 다시 한번 말하지만, 사실은 그와 크게 다르다. 북아메리카의 면적은 1,900만 평방킬로미터로 아프리카가 거의 1.5배가량 더 크다. 지구본을 한번이라도 들여다본 사람이라면, 실제로는 거의 모든 대륙이 아프리카 앞에서 왜소해 보인다는 사실을 알게 될 것이다.

　따라서 메르카토르의 지도는 세계의 크기에 관한 총체적인 감각을 얻고자 하는 사람에게 엄청난 오해를 불러일으킨

:: 맨 왼쪽은 메르카토르 투영법으로 그린 지도이고, 가운데는 오벌(oval) 투영법(로빈슨 투영법이라고도 한다)으로 그린 지도이다. 그리고 아래 지도는 페테르스 투영법 지도이다. 특히 메르카토르 지도에서 그린란드가 아프리카보다 넓게 보이는 것을 주목하라. 반면 페테르스 투영법에서는 그린란드가 원래 크기로 나타나 있다. 그러나 대륙의 모양이 이상해 보인다. 그런 점에서는 가운데의 로빈슨 투영법이 시각적으로 좀더 보기가 좋다. 어떤 투영법이든 장단점이 있으므로, 결국 지도 제작자는 자신이 강조하고 싶은 특정한 측면에 더 무게를 둘 수밖에 없다.

세계의 모양 | 145

다. 특히 올바른 나침반 방위각을 얻는 과정에서 야기된 수학적 왜곡은 아프리카 대륙 사람들에게 식량을 공급할 때 발생할 수 있는 중대한 문제를 혼란스럽게 만들곤 한다.

1983년 지표면의 면적에 충실한 정방형 격자눈금 지도를 만들어낸 독일의 지도 제작자 아르노 페테르스(Arno Peters)가 지적한 것이 바로 그 문제였다. 페테르스는 오늘날 지도가 담아내야 할 가장 중요한 측면은 땅의 면적이라고 주장했다. 그 다음이 모양이며, 나침반의 방위각은 완전히 잊어버려라! 페테르스의 지도는 모양과 거리, 그리고 나침반의 방위각을 왜곡시킨다. 그러나 표면적만큼은 매우 정확하다. 페테르스는 그런 지도를 얻기 위해 매우 난해한 수학에 호소해야 했다. 정확한 면적을 표현하는 지도를 그릴 수 있는 간단한 기하학적 투영법은 존재하지 않기 때문이다.

페테르스 지도의 도입은, 전문가들은 잘 알고 있지만 문외한들은 가끔 간과하곤 하는 수학의 한 가지 특징을 돋보이게 만들었다. 수학은 철저하게 정확하고 정밀하다. 수학은 우리가 요구한 것을 정확하게 실행해준다. 그러나 수학을 사용하기 전에 전제로 삼았던 가정을 잊는다면, 다시 말해 우리가 무시하기로 한 측면이 무엇이었는지 잊는다면, 그로 인한 결과는 우리를 오도할 수 있다.

평면 위에 둥근 지구를 표현해야 하는 오렌지 껍질 문제 때문에 지도 제작자는 우선 어떤 측면을 보존할 것인지 결정해야 하고, 그런 다음 적절한 수학적 변환을 가해야 한다. 그 변환으로 말미암아 지도는 우리에게 세계를 바라보는 한 가지 관점을 제공한다. 그리고 그 관점은 사람들이 세상의 문제에 접근해가는 방식에 영향을 미칠 수 있다. 메르카토르의 지도는 항해자들에게 매우 신뢰할 만한 것이었지만, 서로 다른 대륙과 나라의 크기에 관한 감각을 제공하는 데는 애처로울 정도로 부적절하다.

위에서 바라본 관점

오늘날 지도 제작과 관련한 수많은 수학적 내용들은 지도의 실제 이용자가 도저히 알 수 없을 만큼 현대적인 테크놀로지가 깊숙이 개입해 있다. 특히 지도 제작자들이 좀더 정확한 지도를 그리기 위해 위성 자료와 고성능 컴퓨터를 활용할 때 더욱 그렇다. 예를 들어, 미국 국방성은 궤도를 선회하는 인공위성에 특수 장비를 부착해 우주항공사진을 찍고 고도 측정 자료를 취합함으로써 세계의 거의 모든 육상 지역을 염두에 둔 가상 비행 훈련 시뮬레이션 장치를 개발해왔다. 전투기 조종사들은 실제 지형과 꼭 닮은 매우 정확한 표상을 활용함으로써 직접 항공기에 올라타기 전에 미리 작전을 구상하고 임무 완수를 위한 훈련을 할 수 있다.

이 새로운 방식의 지도 만들기에 대해 미 국방성 지도 제작국(Defence Mapping Agency)의 빅 쿠차(Vic Kuchar)는 다음과 같이 기술한다. "지형 자료는 우리에게 언덕과 계곡을 알려주는 수학적 모델입니다. 우리가

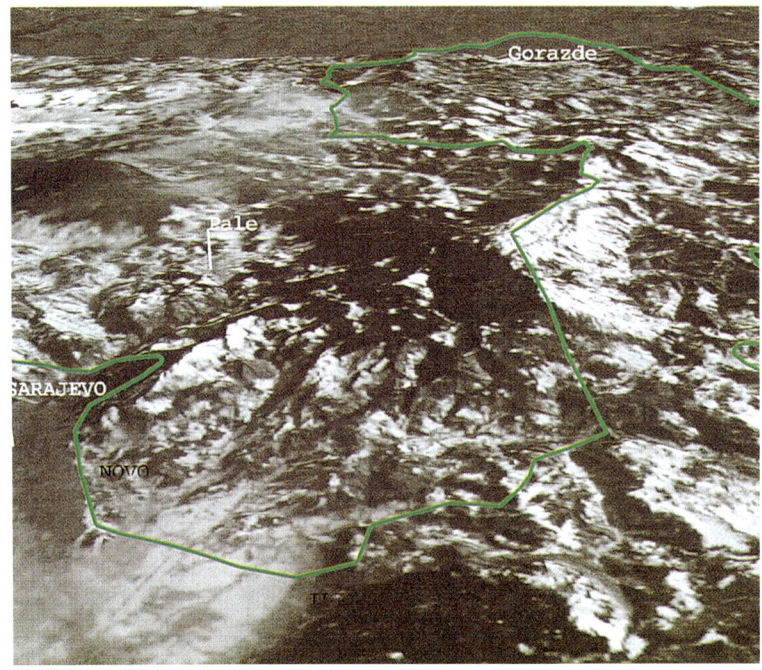

:: 오하이오 주 데이턴에서 열린 보스니아평화조약 협상을 지원하기 위해 미 국방성 지도 제작국이 지형 시뮬레이션 시스템을 이용해 제공한 정지 사진. 협상자들은 이 시스템을 이용해 분쟁 지역을 상세히 조망할 수 있으며, 경계선을 자유자재로 긋고 지울 수도 있다. 사진은 약 15킬로미터 상공에서 바라본 지형과 같으며, 그 안의 녹색 선은 사라예보 진입로를 유지하기 위해 협상 중인 고라즈드 회랑 지역의 윤곽을 보여준다.

여러모로 활용할 수 있는 지구의 수학적 표현인 셈이죠. 이를테면, 그것을 이용해 지구 상에서 우리의 현재 위치를 정확하게 집어낼 수 있죠. 또한 우리는 지형 사진에 이미지를 덧씌워 정확하게 맞추어놓은 뒤, 첩보 정보와 작전 정보와 계획 정보를 집어넣습니다. 그리고 그것을 꼭 필요한 사람들에게 전달하지요." 그는 다음과 같이 덧붙인다. "수학은 투명해서 사용자의 눈에는 보이지 않을 겁니다. 하지만 우리가 하는 모든 일의 기초가 바로 수학인 셈입니다."

또한 위성 데이터는 위성항법장치(Global Posotioning System), 즉 GPS의 배후에도 존재한다. GPS는 지표면 상의 정확한 위치를 실시간으로 알려줄 수 있는 최첨단의 혁신적 장치다. 심지어 GPS는 우리가 지금 어느 길 위에 있는지까지도 알려줄 수 있다.

GPS를 탄생시킨 자랑스러운 아버지는 GPS 개발 프로그램을 진두지휘했던 브래드 파킨슨(Brad Parkinson)이라는 사람이다. 파킨슨이 설명하는 것처럼, GPS는 항법사들이 오래 전부터 사용해온 방법과는 아주 다른 새로운 방법을 사용해 위치를 결정한다. "예전의 항법사들은 자신의 위치를 확인하기 위해 별의 고도 변화를 측정해야 했습니다. 특정한 별이 특정한 각도를 이룬다는 것은 자기 배가 지구 상의 특정한 범위 안에 있다는 것을 의미했지요. 그것은 수학적으로 처리할 수 있는 문제였습니다. 그런 식으로 여러 개의 별을 관찰해 교차되는 범위를 찾아나가다 보면 자신의 위치를 비교적 정확하게 알 수 있었던 겁니다. 하지만 GPS는 그런 방식이 아닙니다. 전혀 다른 수학을 사용했고 그 결과는 훨씬 더 나은 것으로 판명되었습니다."

예를 들면, 조지아 주 애틀랜타 시에서 현재 시험중인 GPS 항법 시스템은 자동차 안 컴퓨터에 내장된 디지털 지도에 자동차의 실시간 위치를 제공한다. 운전자는 계기반 위에 설치된 컴퓨터 스크린으로 차량의 현재 위치를 한눈에 알 수 있다. 차가 도시에서 길을 찾아가고 있을 때,

차내에 탑재된 수신기가 1만 7,600킬로미터 상공의 인공위성에서 발사하는 전파 신호를 수신한다. 각각의 위성에 설치된 모든 시계는 정확하게 맞추어져 있으며, 각 위성에서 코드화된 시간 신호가 지상으로 전송된다. 수신기는 그 신호를 자체 내장된 시계와 비교해 각 위성까지의 거리를 계산한다. 그 거리가 각각의 위성 주위에 가상의 구형 궤도를 형성하며, 모든 궤도의 교차점이 그 차량의 위도와 경도, 그리고 지표 상의 고도를 표시하게 된다.

차량의 위치를 결정하기 위해 위성의 위치는 매 순간마다 정확하게 표시되어야 한다. 그래서 콜로라도에 있는 팰콘 공군 기지에서는 24시간 쉬지 않고 위성을 모니터한다. 각 위성은 매 순간마다 위도, 경도, 그리고 고도 등 자신의 위치를 표시하는 정보를 전해온다. 이 위치 확인 시스템의 핵심은 천문학자 요하네스 케플러(Johannes Kepler)가 300년 전에 이룩한 수학적 통찰에 있다. 케플러는 행성이 궤도를 따라 이동하는 방법을 탐구했다. 그가 내놓은 수많은 주장 중 하나는 행성의 궤도가 타원일 수 있다는 것이었다.

:: 자동차의 계기판 위에 탑재된 위성항법장치 모니터. 이 시스템을 이용해 운전자는 현재 자신의 정확한 위치를 판단할 수 있다.

케플러의 관찰은 행성에만 적용되는 것이 아니다. 그것은 20세기의 인공위성에도 거의 그대로 적용된다. 그런데 궤도를 선회하는 인공위성의 경우 크기가 작기 때문에 궤도를 따라 선회할 때 수킬로미터씩 위아래로 표류한다는 점이 변수로 작용한다. 높은 산을 지날 때는 중력이 커지기 때문에 위성의 고도가 낮아지고, 바다 위를 지날 때는 중력이 작아지기 때문에 위성의 고도는 높아진다. 따라서 위성은 자신의 수직적인 표류 거리를 계산해야 한다. 물론 그 거리는 매우 정확하게 계산할 수 있기 때문에, GPS 위성은 어느 순간이건 몇 미터의 오차 범위 내에서 자신의 현재 위도, 경도, 그리고 고도를 계산할 수 있다.

파킨슨이 설명하는 것처럼, 위성은 자신의 위치를 저 아래에 있는 자

:: 위성항법장치의 각 위성은 지상의 특정 구역을 감시해 그곳의 자료를 전파 통제소로 24시간 전송한다. 그림에서 커다란 접시처럼 생긴 것이 위성 전파 수신기다.

동차에 전송한다. "본질적으로, 위성은 이렇게 고함치고 있는 것이죠. '나 여기에 있어요, 여기에 있다고요.' 그러면 이용자는 '알아, 네가 거기에 있는 줄 말이야, 지금이 몇 시인지도 알고. 그러니 내가 어디에 있는지 알 수 있어'라고 대답하는 셈이고 말이죠."

GPS에서는 시간을 맞추는 것이 절대적으로 중요하다. 탑재된 시계들은 아주 정확하기 때문에 3,000년에 1초 이상 틀리는 법이 없다. GPS가 이렇게 정확해야 하는 것은 초당 30만 킬로미터라는 빛의 속도로 이동하는 전송 신호를 고려해야 하기 때문이다. 이 정도 속도라면 10억 분의 1초만 오차가 발생해도 거리는 30센티미터 정도 차이가 날 수 있다.

설계자인 파킨슨은 GPS 시스템이 수학의 유용성을 보여주는 또 하나의 주목할 만한 사례라고 생각한다. 그는 "이 시스템의 심장부에 수학이 놓여 있습니다"고 주장한다. 그러나 그는 이 시스템을 실제로 사용하는 사람들은 결코 그 안의 수학을 이해하지 못하리라는 사실을 잘 알고 있다. 그들은 그 시스템을 그저 당연한 것으로 받아들일 것이다. 그리고 가장 중요한 역할을 하는 수학은 보이지 않는 채로 남을 것이다.

파킨슨은 이렇게 말한다. "현대인들은 많은 것을 당연한 것으로 받아들입니다. 17세기의 인간은 달나라 여행은커녕 시속 13킬로미터 정도로 말을 달리는 것보다 더 빠른 이동 방법이 있으리라고는 생각할 수도 없었습니다. 지금 벌어지고 있는 현실은 우리에게 한 가지 새로운 힘이 생겼음을 말해줍니다. 즉, 우리가 정확히 어디에 있는지 알려줄 수 있는 힘입니다. 우아하고도 놀라운 모습으로 그 안에 도사리고 있는 수학은 현대인이 당연한 것으로 받아들이게 될 또 다른 하나의 사례입니다. 그것은 보이지 않습니다. 그렇지만 누구든 버튼을 누를 수는 있겠죠. 수학은 작은 칩 안에 담겨 있습니다. 그것은 우리에게 답을 줍니다. '지금 우리 여기 있어요'라고 말이죠."

산 사나이

1937년 브래드 워시번(Brad Washburn)이 유콘 지역 탐사를 준비할 때 그에게는 위성 자료도, 컴퓨터도 없었다. 항공 데이터를 얻기 위해 작은 항공기에 올라탄 그는 가슴에 밧줄을 동여매고 열린 문 밖으로 몸을 내민 채 카메라로 지상을 촬영했다. 상공의 기온은 무려 섭씨 영하 25도였다. 사진으로 주요 탐사 지점을 확인하고 나면 나머지 작업은 직접 발로 뛰었다.

비교적 최근인 1930년대 후반까지 북아메리카 대부분의 지역을 한 번도 탐사한 적이 없었다는 사실은 좀처럼 믿기 어렵다. 그러나 당시까지도 그 지역의 지도가 존재하지 않는다는 것이 그 사실을 단적으로 입증해준다. 캐나다 국경 근방, 총 면적 약 5,000평방마일의 유콘 지역도 당시까지 상세한 지도가 없는 채로 남아 있던 곳으로 지도상에는 그냥 하얗게 표시되어 있었다. 그 지역에 대해 알려진 것은 '해발 3,000미터에서 4,000미터에 이르는 고산 지대'의 전설이 전부였다. 모험의 기회를 엿보던 탐험가 워시번은 《내셔널 지오그래픽》과 접촉해 그 지역을 탐사하는 원정대에게 재정 지원을 할 수 있겠는지 물었다. 그리고 긍정적인 답변을 얻어냈다.

워시번은 항공사진을 가지고 시작했다. 지도 제작에 항공사진을 활용한 사람은 그가 처음이었다. 사실 워시번은 비행 경험도 처음이었다. 워시번과 그의 원정대는 사진상에 나타난 지형지물의 다양한 각도를 가지고 일종의 네트워크를 구성함으로써 주요 산들의 대략적인 위치와 높이를 어느 정도 추정할 수 있었다. 그 뒤, 그들은 도움이 될 만한 모든 장비를 끌어모아 직접 도보 원정을 떠났다. 원정은 3월부터 6월까지 석 달 동안 계속되었다.

그들이 거리와 고도를 결정하기 위해 사용한 핵심적인 기법은 삼각

측량법이다. 어떤 산봉우리를 측량한다고 해보자. 우선 두 점 사이의 거리를 알고 있는 두 '기준점'을 선택한다. 이때 한 기준점은 봉우리와 직각을 이루어야 한다. 그리고 나머지 다른 한 기준점에서 봉우리까지의 각도를 측정한다. 그런 다음 삼각법을 이용하면 봉우리까지의 거리와 높이, 즉 밑변을 제외한 직각삼각형의 나머지 두 변은 아주 수월하게 계산해낼 수 있다.

:: 산꼭대기에 있는 한 점에서 수직으로 내려와 밑변과 만나는 한 점을 선택함으로써 세 점을 연결하는 직각삼각형을 그릴 수 있다. 밑변의 두 점은 같은 고도상에 있으므로 두 점 사이의 거리는 쉽게 측량할 수 있다. 따라서 직각삼각형의 기하학을 활용한 간단한 계산으로 산 정상까지의 높이를 알아낼 수 있는 것이다.

항공사진은 워시번과 그의 팀에게 이전의 지도 제작자들이 활용할 수 없었던 두 가지 이점을 제공했다. 첫째, 사진을 통해 근사치의 데이터를 미리 확보하고 시작함으로써 그런 도움이 없을 때보다 지상에서 작업을 훨씬 빠르게 진행할 수 있었다. 둘째, 지상 탐사를 통해 측량 결과를 얻으면 그 데이터를 사진 데이터와 비교해 좀더 정확한 최종 지도를 그려낼 수 있었다.

유콘 원정대는 지도 제작 방식에 중대한 진전을 이룬 셈이었다. 워시번은 아내 바바라와 함께 새로운 항공사진 기법을 사용해 수많은 세계 고봉들의 지도를 계속 그려냈다. 그들의 작업은 점점 더 정교해지는 지도 제작술의 빠른 진보를 촉진했다.

탐험가와 지도 제작자로서 자신의 삶을 회고하면서 워시번은 이렇게 말한다. "오늘날의 탐험이 수백 년 전 혹은 수천 년 전의 탐험과 근본적으로 다른 점은 탐험가들이 기술적인 측면에서 과거보다 훨씬 더 많은 훈련을 받아야 한다는 사실입니다. 그 당시 사람들은 전인미답의 지역에 들어갈 때도 그저 설상화(雪上靴) 정도나 챙겨 신는 것이 고작이었습니다. 오늘날 우리는 기술의 세계에 살고 있습니다."

그 기술의 세계는 수학의 기반 위에 세워졌다. 그 기반은 대개 우리의 시야에서 가려진 채로 남아 있다. 그것은 오로지 수학적인 안경을 쓴 뒤에야 보고 탐험할 수 있는 보이지 않은 우주이다.

바다 밑

돈 라이트 역시 보통은 우리의 시야에 들어오지 않는 우주, 즉 해저를 탐험한다. 그녀는 해양학자라는 매우 새로운 분야의 과학자이다.

그녀는 어떤 계기로 바다에 처음 관심을 갖게 되었을까? 라이트는 말한다. "나는 하와이의 마우이 섬에서 자랐죠. 늘 바다에 둘러싸여 있었어요. 서핑과 스노클링을 아주 실컷 하며 놀았죠. 나는 그저 바다를 사랑했어요. 그래서 생각했죠. '맞아, 바다에 나의 모든 시간을 쏟아부을 수 있다면 얼마나 좋을까, 그건 정말 대단할 거야'라고 말이죠. 그 뒤, 해양학이라는 과학 분야가 있고 열심히 노력만 하면 터득할 수 있는 학문이라는 사실을 알게 되었을 때, 나는 이렇게 생각했어요. '좋아, 안 될 건 없잖아.' 여덟 살 때쯤부터 해양학자가 되겠다고 결심했어요. 나는 지질학으로 학사 학위를 받고, 해양학으로 석사학위를 받았습니다. 그리고 해양

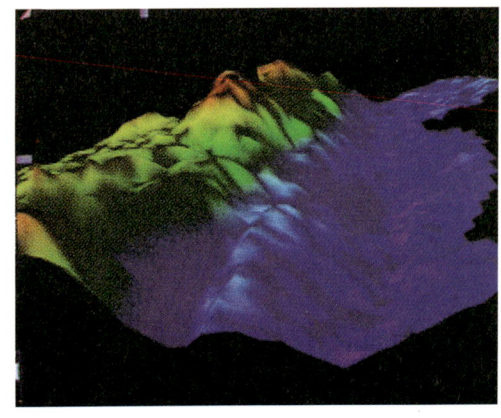

학에 중점을 둔 박사학위를 받았습니다. 그건 과학자들이 보통 따르는 길이죠."

다른 과학자들처럼 라이트도 수학을 이용해, 그렇지 않았다면 눈에 보이지 않았을 세상을 들여다본다. "내 연구 영역은 2킬로미터에서 5킬로미터 정도 깊이의 해저라면 어디든지 해당되죠. 내 연구는 대문을 열고 밖으로 나가 후안 데 푸카 산맥에 가서 얼마간 여기저기 거닐다가 몇 가지 자료를 모아 연구실로 되돌아오는 그런 게 아닙니다." 왜냐하면

:: 왼쪽은 해저의 거대한 협곡의 이미지이고, 아래쪽은 컴퓨터로 그린 화산의 이미지이다.

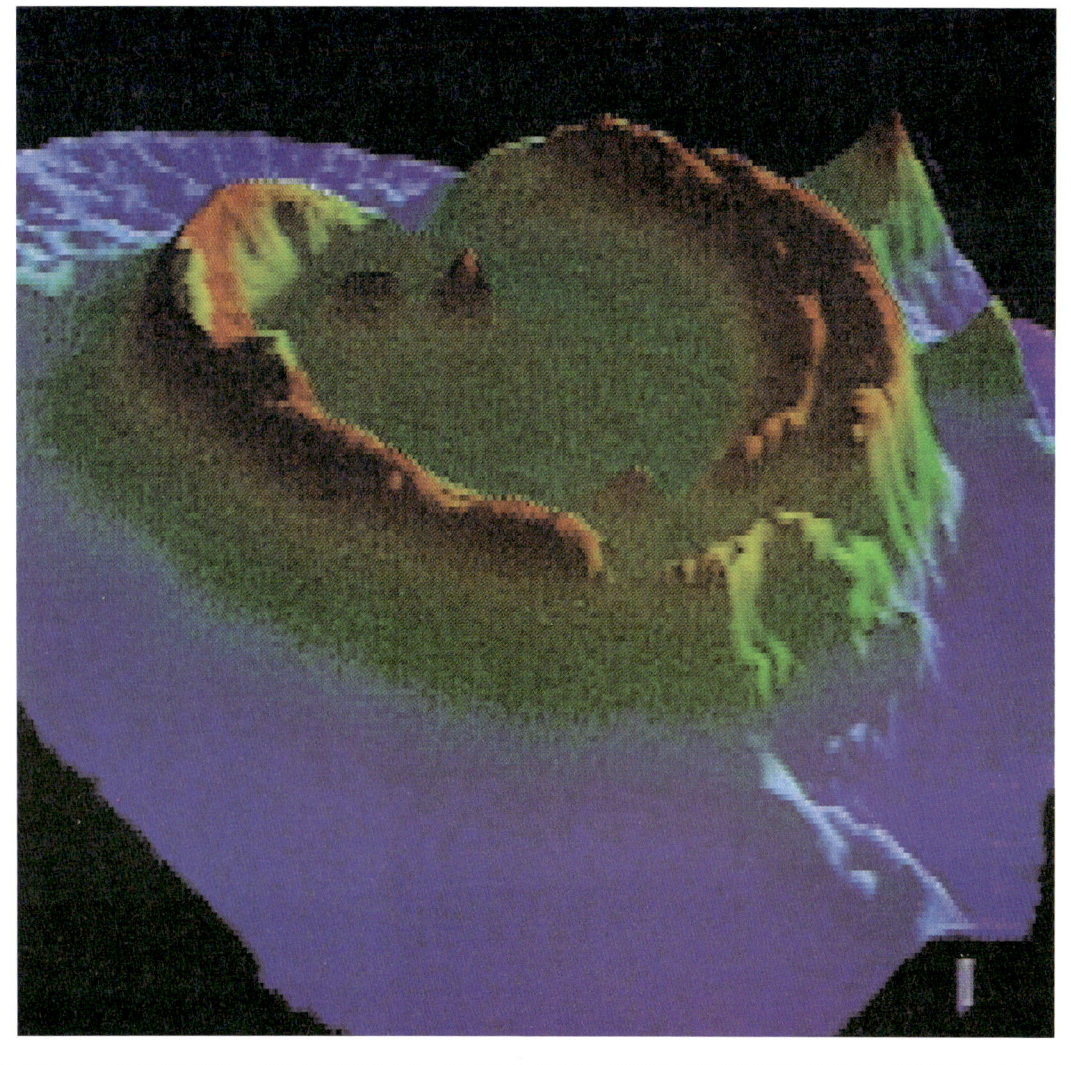

세계의 모양 | 155

> 나는 사람들이 바다의 중요성을 잘 알고 있다고 생각합니다. 비록 왜 해양이 중요한지 그 상세한 부분까지는 모른다고 생각하지만 말이죠.
>
> **돈 라이트** | 해양 과학자 |

후안 데 푸카(Juan de Fuca Ridge)는 북태평양의 해저에 있는 장대한 산맥이기 때문이다.

라이트는 자신의 작업을 이렇게 설명한다. "나는 아주 활동적인 지역에 관심이 많죠. 이를테면, 화산 분출이 자주 일어나고 지진도 잦은 지역 말이에요. 지표면에서는 무시무시한 양의 열이 방출되고 있습니다. 그것은 지구 전체의 기후라는 관점에서 볼 때 무척 중요합니다. 그리고 내게는 그 지역의 지도를 그려서 되돌아올 수 있느냐가 중요합니다. 언제 그곳에 다시 가게 될지 모르기 때문이죠."

라이트는 해도를 그리기 위해 음파를 활용한다. 탐사선의 바닥에 장착되어 있는 장비는 음파의 펄스들을 방출한다. 밑으로 내려갔다가 수면으로 다시 되돌아 올라온 음파는 같은 장비에 의해 수신된다. 수중에서 소리의 속도는 이미 알려져 있기 때문에 음파가 바다 밑바닥까지 내려갔다 되돌아오는 데 걸리는 시간을 측정하면 해저의 깊이를 계산할 수 있다. 해상에서 배의 위치를 이리저리 옮겨가며 측정을 계속함으로써 깊이의 변화를 보여주는 해도를 그릴 수 있고, 마침내 해저의 지세가 드러난다. 측량선은 브래드 파킨슨의 위성항법장치, 즉 GPS를 이용해 매 순간마다 현재의 정확한 위치를 확인할 수 있다. 또한 음향 반사 시스템이 놓친 세부적인 것들을 '채우기 위해' 수학을 사용하기도 한다. 그것은 보간법(interpolation)이라는 기법이다. 그 전체 과정은 자동적으로 이루어지며 수학은 사용자의 시야에 드러나지 않는다.

라이트는 자신이 수집한 자료에 매혹되곤 한다. 미지의 지역이던 유콘의 지도를 그려낸 브래드 워시번처럼, 라이트 역시 새로운 영토로 모험을 떠나는 탐험가이다. 라이트는 말한다. "믿기 어려운 해구와 협곡이 즐비하죠. 꼭 그랜드캐니언 같습니다. 이런 믿을 수 없는 산들도 있고 말이죠. 지도를 들여다볼 때마다 조금씩 색다른 것들을 늘 발견하게 됩니다. 그건 매우 이색적이죠. 나는 사람들이 이제까지 한번도 가본 적

없으며, 아마 앞으로도 갈 일이 거의 없을 장소들에 대한 지도를 만들고 있는 것이죠. 그것은 미답의 영토에 대한 기초 탐사인 셈입니다."

그것은 오로지 수학의 도움으로만 볼 수 있는 세계다.

우주는 구부러져 있나

라이트가 해저를 보기 위해서는 수학이 필요하다. 천문학자 로버트 커쉬너(Robert Kirshner)는 수학을 이용해 아주 먼 우주 공간을 들여다본다. 그가 답을 얻고 싶은 근본적인 문제 중 하나는 이것이다. "우주는 평평한가 아니면 구부러져 있는가?"

2,000년 전 고대 그리스의 수학자들도 지구에 관해 똑같은 질문을 던졌다. 그들은 수학을 통해 지구가 대체로 둥글다는 사실을 추론할 수 있었다. 그것은 20세기에 우주선이 지구 밖 우주에 나가 우리 행성의 사진을 찍어 보내오기 훨씬 전의 발견이다. 실제로 기원전 228년 그리스의 수학자 에라스토테네스(Erastothenes)는 놀라운 정확성을 발휘하며(오차 1퍼센트 이내) 지구의 지름을 계산해냈다. 그는 단 두 가지의 간단한 관찰을 이용해 그 일을 해냈다. 즉, 하늘에 떠 있는 태양의 고도와 몇 가지 초보적인 삼각법이 그것이다.

오늘날 우리는 지구가 둥글다는 사실을 당연한 것으로 받아들인다. 그러나 기하학자인 로버트 오서만(Robert Osserman)도 언급하듯이, 인류가 그 사실을 처음부터 쉽게 받아들였던 것은 아니다. "지금은 너무나 진부한 얘기여서, 그것이 얼마나 큰 비약인지 실감하기 어려울 겁니다. 지구를 우주에 떠다니는 거대한 공으로 묘사하고 반대쪽에 있는 사람은 거꾸로 매달려 있다는 식의 생각을 머릿속에 개념화한다는 건 너무나, 정말로 너무나 어려운 일이었습니다." 커쉬너처럼 오서만도(그는 캘리

:: 이 이미지에서 매우 강력한 인력을 가진, 아마 블랙홀로 추정되는 눈에 보이지 않는 물체에 의해 구부러진 우주(파란색 격자눈금으로 이루어진 원뿔형)가 창조되고 있다. 원뿔의 꼭지점에 위치한 그 물체는 공간을 굴절시키고 있으며, 별처럼 생긴 색색의 구체들을 자기 쪽으로 끌어당기고 있다.

포니아 주 버클리에 있는 수리과학연구소에서 일하고 있다) 우주가 평평한지 아니면 구부러져 있는지 밝혀내는 문제에 관심이 많다.

구부러진 우주를 처음 생각한 사람은 19세기의 수학자 게오르크 프리드리히 리만(Georg Friedrich Riemann)이었다. 결국 리만이 한 얘기는 이것이다. 지구의 표면은 구부러져 스스로에게 되돌아오게 되어 있는 2차원적 대상이다. 만일 우리가 지구 상 어디에서든 여행을 시작해 정확하게 같은 방향으로(지표면 상에서) 여행을 계속한다면, 결국 우리는 지구를 한바퀴 돌아 처음의 출발점으로 되돌아올 것이다. 아마 3차원적 우주에서도 마찬가지일 것이다. 만일 우주를 가로질러 같은 방향으로 여행을 계속한다면, 마침내는 원래의 출발점으로 되돌아올지 모른다. 이것은 우주 자체가 '구부러져' 있음을 의미한다. 비록 구부러진 우주를 개념화하기는 무척 어렵지만 말이다.

반면에, 만일 원래의 자리로 되돌아오는 구부러진 우주에 대한 개념이 이해하기 어렵다면, 그 대안 역시 도저히 믿을 수 없기는 마찬가지일 것이다. 만일 우주가 구부러져 스스로에게 닫혀 있지 않다면, 결국 무한해야 한다.

커쉬너는 미지의 우주 저 먼 곳까지 응시할 수 있는 거대하고 강력한 망원경을 이용해 확보한 천문학적 데이터를 가지고 우주의 곡률을 탐구하기 시작한다. 지구의 곡률을 인지하려면 지구 표면을 광범위하게 관찰해야 하듯이, 우주가 혹시 휘어져 있는지 알아내려면 마찬가지로 우주 공간을 매우 광범위하게 관찰할 필요가 있다.

지상에서 1,300킬로미터 높이에 있는 우주선에서 사진을 찍는다면 지구 표면의 둥근 모양을 아주 잘 보여줄 수 있다. 만일 커쉬너가 우주 공간의 곡률을 확인할 수 있는 가능성만이라도 확보하고자 한다면, 한 50억 광년 정도는 떨어져 있는 우주를 들여다볼 필요가 있다. 지구의 나이가 45억 년 정도밖에 되지 않았다는 점을 감안하면 커쉬너가 조사하고 있는 빛의 신호는 지구가 탄생하기 훨씬 전에 지구를 향해 여행을 떠난 것임을 알 수 있다. 이것은 곧 아득히 먼 과거를 들여다볼 필요가 있음을 의미한다. 오직 강력한 망원경과 결합된 수학만이 이런 종류의 이해를 가능하게 한다.

커쉬너는 자신의 접근 방식 배후에 있는 핵심적인 아이디어를 이렇게 설명한다. "우리는 어떤 별이나 은하계의 사진을 찍을 수 있고 그 모양을 볼 수 있습니다. 그리고 그것들이 하늘에 어떻게 분포되어 있는지도 말이죠. 하지만 우리가 가진 좀더 강력한 수단 중에, 그 빛을 잡아내 프리즘이나 회절격자에 통과시켜 작은 무지개를 만드는 방법이 있습니다. 그런 다음, 각각의 색깔에 해당하는 빛이 얼마나 많이 존재하는지 측정합니다. 푸른빛은 얼마, 초록빛은 얼마, 붉은빛은 얼마, 그리고 적외선도 마찬가지입니다."

일상적인 백색광이 실은 다양한 색을 띤 빛들의 혼합물이며 프리즘을 통과시켜보면 그것들을 분리할 수 있다는 사실을 처음 발견한 사람은 17세기 영국의 위대한 수학자 아이작 뉴턴 경이었다. 프리즘이 여러 가지 색깔의 빛을 어떻게 분리할 수 있는가에 대한 설명은 비교적 간단하다.

∷ 프리즘을 통과한 백색광은 그것을 구성하는 광선들로 분리되어 인간의 눈에는 색의 스펙트럼으로 보인다.

> 위대한 자연의 교과서는 거기에 사용된 언어를 아는 사람만이 읽을 수 있다. 그 언어는 바로 수학이다.
>
> 갈릴레오 갈릴레이 | 17세기 천문학자 |

빛은 파동으로 이동한다. 어떤 파동이든 마루와 마루 혹은 골과 골 사이의 거리를 파장이라고 부른다. 빛의 서로 다른 파장은 서로 다른 색깔을 띤다. 빛의 파동은 프리즘을 통과할 때 굴절된다. 굴절의 정도는 파장에 따라 다르다. 파장이 짧을수록 빛은 더 많이 굴절된다. 결과적으로 백색광이 프리즘을 통과할 때, 그 빛을 구성하는 서로 다른 색깔의 파장은 각기 다르게 굴절된다. 따라서 프리즘에서는 단일한 백색광이 아니라 서로 다른 색깔들의 스펙트럼이 나오는 것이다. 그 색깔들은 아래쪽의 붉은 파장에서부터 노랑과 파랑을 거쳐 위쪽의 보랏빛 파장에 이르기까지 띠 모양으로 배열된다.

무지개도 같은 방식으로 생겨난다. 소나기가 내린 후 공기 중에 떠다니는 미세한 물방울들이 초소형 프리즘의 역할을 하여 햇빛을 분리하는 것이다.

뉴턴의 발견이 커쉬너에게 특히 유용했던 것은 독일의 물리학자 크리스티안 요한 도플러(Christian Johann Doppler)가 1842년에 이룩한, 이른바 '도플러 효과' 덕분이다. 도플러는 음원이 우리를 스쳐 지나갈 때, 이를테면 우리를 향해 달려오던 자동차가 우리를 지나쳐 멀어져갈 경우에, 음높이가 그 음원이 우리를 지나쳐가기 시작할 때 갑자기 뚝 떨어지는 것처럼 느껴지는 현상을 주목했다. 이 효과는 경찰차나 앰뷸런스가 경적이나 사이렌을 울리며 지나갈 때 쉽게 알아챌 수 있다. 경고음의 음높이는 차량이 우리를 지나쳐 멀어져갈 때보다 우리에게 다가올 때 더 높다.

도플러는 분명히 쇼맨십도 갖춘 사람이었던 것 같다. 그는 이것을 입증하기 위해 트럼펫 주자들로 구성된 음악대를 배치해놓고 사람들을 무개 열차에 태워 그 옆을 휙 지나치게 했다.

도플러 효과는 파장으로 간단히 설명할 수 있다. 음파의 파장이 짧을수록 우리 귀에 감지되는 음높이는 높아진다. 차량이 엔진이나 사이렌에서 발생하는 소리의 파장과 함께 우리에게 근접해오는 경우, 그 차량이 가까이 다가올수록 다음 번 파장의 마루가 우리 귀에 닿기까지의 이동 거리는 짧아진다. 그 총체적인 효과는 마루들 사이의 거리가 짧아져, 결국 우리 귀에 닿는 소리의 파장이 짧아진다는 것이다. 음높이는 음원이 정지해 있을 때보다 높아지고, 차량이 우리를 지나쳐 멀어져갈 때는 반대의 효과가 발생한다. 우리로부터 멀어져가는 운동은 우리 귀에 닿는 소리의 파장을 늘이게 되고, 결국 우리는 낮은 음을 감지한다.

우리에게 곧장 다가오거나 멀어져가는 음원, 이를테면 이동중인 앰뷸런스가 울리는 사이렌의 음높이(즉, 파장)가 음원의 속도에 따라 어떻게 변하는지는 수학 계산으로 정확히 알아낼 수 있다. 우리는 소리의 속도를 알기 때문에, 결국 도플러 효과를 이용해 음원이 우리로부터 멀어

:: 컴퓨터로 시뮬레이션한 이 이미지는 성운의 한 가지 가능한 분포를 보여준다. 여기서 우리는 성운이 우주에 고르게 분포하는 것이 아니라 여기저기 뭉쳐서 성단(星團)을 이루고, 그것이 차례로 초은하를 형성해 거미줄 같은 구조를 엮는다는 사실을 알 수 있다. 이렇게 무리를 짓는 과정에서 성단과 성단 사이는 텅 빈 공간으로 남게 되며, 그 거리는 수억 광년 떨어져 있을 수도 있다. 성운의 고르지 않은 분포는 과학자들이 우주 창조의 대사건이라고 믿는 빅뱅의 결과이다.

져가는 속도를 계산할 수 있다.

또한 도플러 효과는 빛에서도 발생한다. 광원이 우리를 향해 움직이고 있을 때 거기서 나오는 빛의 파장은 짧아진다. 그리고 그 빛은 좀더 푸른색을 띤다. 이른바 '청색편이'라는 현상이다. 우리로부터 멀어져가는 광원에서 나온 빛은 좀더 붉게 보인다(더 긴 파장을 가진 것이다). 즉, '적색편이'이다.

20세기가 시작된 이후 과학자들은 우주가 팽창하고 있다는 사실을 알게 되었다. 우리가 하늘에서 보는 모든 별과 은하는 우리로부터 멀어지고 있다. 이것은 수십억 년 전 빅뱅과 더불어 시작된 우주의 결과로 여겨지고 있다. 빅뱅은 물질을 창조함과 동시에 그것을 바깥으로 격렬하게 내던진 우주의 대폭발을 말하며, 아직도 계속 진행중이다. 특정한 별이나 은하는 우리에게 멀리 떨어져 있을수록 멀어져가는 속도도 빨라진다. 결과적으로 우주의 더 먼 곳을 관찰할수록 우리가 보는 별에서 나오는 빛은 스펙트럼상의 붉은색 쪽으로 편향된다. 소리 파동의 경우와 마찬가지로, 특정 거리만큼 떨어져 있는 별이나 은하의 적색편이를 측정함으로써 천문학자들은 그것들이 우리로부터 멀어져가는 속도를 계산할 수 있으며, 따라서 우리와 그 대상과의 현재 거리를 계산할 수 있는 것이다.

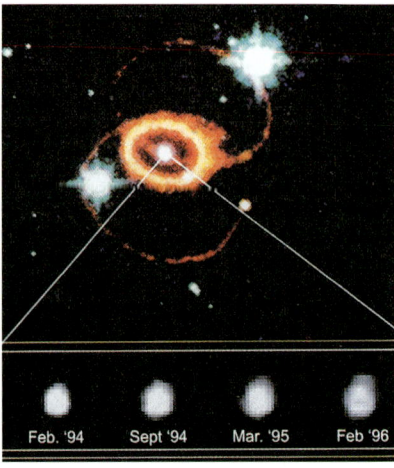

:: 허블 우주 망원경으로 포착한 이 사진은 초신성이 폭발하고 7년이 지난 뒤 잔해의 중심을 보여준다. 사진 아래쪽의 네 이미지는 2년간에 걸쳐 내부의 잔해가 퍼져나가는 광경을 보여준다. 계산에 따르면 잔해는 시속 약 1,000킬로미터의 속도로 확장되고 있다.

커쉬너와 그의 동료들은 밤하늘을 세밀히 분할, 체계적으로 관찰해 대략 2만 5,000여 개 은하의 거리를 계산했다. 그들은 그 자료를 가지고 거리가 표시된 우주의 지도를 그릴 수 있게 되었다.

커쉬너는 그렇게 그린 지도

를 근거로 우주의 곡률을 측량할 수 있기를 바라고 있다. 곡률이 0인지 아닌지, 즉 우주가 정말로 구부러져 있는지 아닌지를 알고 싶은 것이다. 그래서 그는 이른바 초신성에 관심을 집중하고 있다. 초신성은 핵연료를 거의 다 소모해 생의 마감을 앞두고 있지만, 단순히 죽어 없어지는 대신 꽝 소리와 함께 '깨끗이 사라지리라' 결심한 별이다. 초신성은 남아 있는 모든 연료를 사용해 거대한 핵폭발을 일으킨다. 그것은 수십억 개의 태양을 모아놓은 것만큼이나 밝게 빛나는 불덩어리가 되어 하늘을 환히 밝힌다. 폭발은 약 한 달가량 계속된다.

커쉬너는 망원경으로 포착한 초신성의 빛을 도플러 효과를 이용해 조사함으로써 지구에서 초신성까지의 거리를 계산할 수 있다.

그는 수많은 다른 초신성들에 대해서도 같은 과정을 반복함으로써 거리와 초신성의 밝기 사이의 관계를 짜맞출 수 있다. 평평한 우주에서 밝기는 거리의 역제곱만큼 떨어질 것이다. 그것이 이른바 유명한 뉴턴의 '빛의 역제곱 법칙'이다. 만일 두 개의 초신성이 원래 동일한 밝기를 갖고 있고, 한 별이 다른 별보다 2배 더 멀리 떨어져 있다면, 멀리 있는 별의 밝기는 가까이에 있는 별의 2분의 1제곱, 즉 4분의 1이 될 것이다. 따라서 커쉬너가 이 역제곱 법칙에서 어떤 편차를 발견할 수 있다면 결국에는 우주가 평평하지 않고 구부러져 있음을 밝혀낼 수 있을 것이다. 그리고 편차의 크기로 곡률도

:: 허블 망원경으로 찍은 이 사진은 초신성 폭발 후 1만 5,000년이 지난 뒤에 남은 잔해의 일부를 보여준다.

측정할 수 있을 것이다.

커쉬너는 편차를 확인할 수 있는 기회를 놓치지 않기 위해 측정 장비를 늘 준비해놓고 우주의 방대한 구역을 조사해야 한다. 우주 너비의 3분의 1이나 되는 먼 지점에서 방출된 빛을 추적하면서 말이다. 그가 추적하는 빛은 지구가 탄생하기 수십억 년 전에 초신성의 폭발로 한 달 동안 밝게 빛났던 우주의 화염에서 생성된 것이다.

자신의 접근 방법이 성공할 것이라고 확신한 그는 약 2년 안에 예비 결과를 내놓을 수 있으리라 예측한다. 그는 수학이 자신의 연구에 한계를 지울 것이라고는 생각하지 않는다. 문제는 다만 망원경의 성능에 있을 뿐이다. 그는 말한다. "우리는 그리스인이 지구의 모양을 이해하던 단계에 와 있습니다. 오늘날의 과학 기술이 드러낸 한계와 씨름하고 있는 셈이기 때문입니다."

:: 제프 윅스가 컴퓨터로 만들어낸 우주의 가능한 세 가지 모양.

마음의 우주

지도 제작자들은 수학을 이용해 선원이나 비행기 조종사들이 항로를 찾아갈 때 활용하는 지도를 그릴 수 있다. 그 지도는 어디에 사람이 가장 많이 살고 있는지 보여준다. 또 육안으로는 결코 볼 수

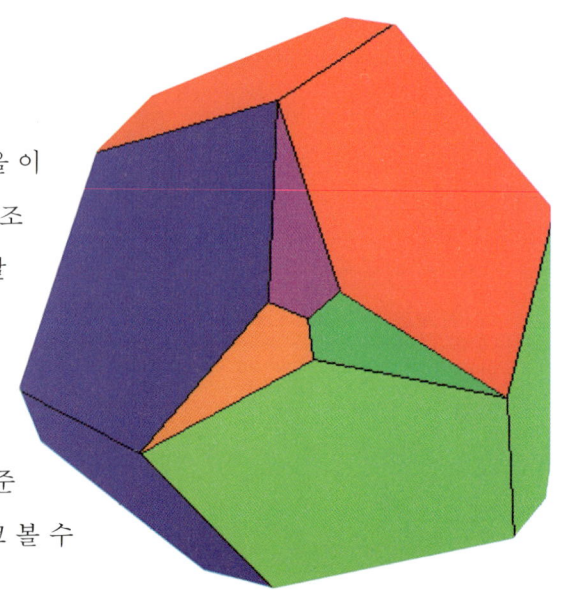

없는 바다 밑바닥의 지형을 보여주며, 도보로만 접근할 수 있는 험난한 산악 지대의 형세를 보여준다. 그리고 오늘날의 모습 그대로가 아니라 지구가 채 형성되기도 전인 수십억 년 전의 까마득한 우주의 모습을 보여준다. 컴퓨터 공학자들은 이 지도 데이터를 취합해 조종사들이 충돌의 위험 없이 훈련할 수 있는 가상 비행 시뮬레이션 장치를 만들 수 있다. 인공위성 데이터는 자동차 안에 컴퓨터로 된 지도를 제공하는 데 사용할 수 있다. 그럼으로써 매 순간마다 차량의 현재 위치를 실시간으로 정확히 표시할 수 있다.

이 모든 발전의 열쇠는 지도의 근본 아이디어, 즉 지도는 '땅의 배치'를 표현한다는 생각에 있다. 여기서 '땅'이 무엇이든 그것은 문제가 아니다. 그리고 그 지도의 열쇠는 수학이다. 모든 지도는 수학을 이용해 그려진다.

한편 수학은 색다른 지형의 지도를 그리는 데도 사용할 수 있다. 그것은 물리적인 우주에서는 찾을 수 없는 지형이다. 수학은 추상적인 마음의 우주를 탐험하고, 측량하고, 지도로 그려내는 데도 이용할 수 있다. 마음의 우주는 바로 수학 그 자체의 우주이다.

물리학자는 실제의 우주가 구부러져 있는지 평평한지 확신하지 못한다. 물론 우주는 그 두 가지 가능성 중 하나일 것이다. 그러나 물리학자가 자기 마음대로, 이를테면 평평한 우주를 연구하겠다고 작정할 수는 없다. 물리학자는 실제 우주를 있는 그대로 연구할 뿐이다. 그 결과 평평한 것으로 밝혀지든 구부러진 것으로 밝혀지든 그것은 문제가 아니다.

반면, 수학자는 자기의 관심에 따라 평평한 우주 혹은 구부러진 우주를 연구할 수 있다. 수학적 우주는 실제 우주를 추상화한 관념의 세계이기 때문이다. 이를테면, 그것은 '만약에 이렇다면 어떻게 될까' 하는 식의 관념화이다. 수학자는 그런 가정 하에 특정한 곡률을 도입할 수 있고, 그런 성질을 가진 우주를 연구할 수 있다. 또는 4차원, 아니 그 이상의 우주를 연구하기로 작정할 수도 있다. 다시 말하지만 그런 자유를 물리학자는 누릴 수 없다. 그러나 수학자가 4차원의 세계에 정신이 팔리는 것(수학적으로 말해서)을 막을 수 있는 방법은 아무것도 없다.

최근까지도 그런 식의 탐구는 오로지 두 가지 방법으로만 가능했다. 몇몇 재능 있는 독일의 기하학자들이 19세기 후반과 20세기 초에 그랬던 것처럼 수학자가 오랜 시간을 들여 난해한 그림을 직접 그리거나, 아니면 그런 작업을 전적으로 마음속에서 수행하는 것이다. 그리고 그 연구의 결과는 시각적인 이미지가 아니라 몇 쪽에 걸친 수학 공식으로 다른 수학자들에게 전달되었다. 그러나 오늘날 수학자들은 또 다른 접근 방법을 갖고 있다. 그들은 컴퓨터 앞에 앉아서 다른 사람도 실감나게 경험하고 공유할 수 있는 방식으로 추상적인 우주에 생명을 불어넣을 수 있게 되었다. 그리고 수학 공식에서 아무런 의미도 찾지 못하는 비수학자들도 마찬가지로 그런 경험의 혜택을 누릴 수 있게 되었다.

제프 윅스(Jeff Weeks)는 바로 그런 수학자 중 한 명이다. 그는 수학적인 우주를 컴퓨터 안에 창조한다. 그가 창조한 세계 중 일부는 매우 친근한 모습이지만 나머지는 무척 괴이하게 보인다. 그런 괴이한 세계 중에 '닫힌 방'도 있다. 물론 우리가 그 방에 들어가기 전까지는 결코 괴이해 보이지 않지만 말이다. 처음 보면 그것은 어느 집에서나 쉽게 볼 수 있는 일상적인 방과 똑같다. 그러나 윅스의 방에서는 누구나 벽이나 천장, 바닥 등을 그냥 통과해 지나갈 수 있다. 그 정도만 해도 이미 약간은 비정상적이다. 그러나 정말로 이상한 일은 우리가 벽이나 천장, 바닥 등을 통과해 방 밖으로 나가려 할 때 일어난다. 한쪽 벽을 통과해 그 방을 벗어났다고 생각할 때, 반대편 벽을 뚫고 다시 방에 들어와 있는 자신을 발견하게 되는 것이다. 만일 천장을 뚫고 나가면, 이번에는 바닥을 뚫고 다시 방에 들어와 있게 된다. 그리고 바닥을 뚫고 나가면 이번엔 천장을 통과해 다시 방에 들어오게 된다. 윅스의 컴퓨터 세계는 현대판 단테의 지옥이다. 우리는 벽, 천장, 바닥을 마술처럼 뚫고 지나갈 수 있지만 결코 그 방을 떠날 수는 없

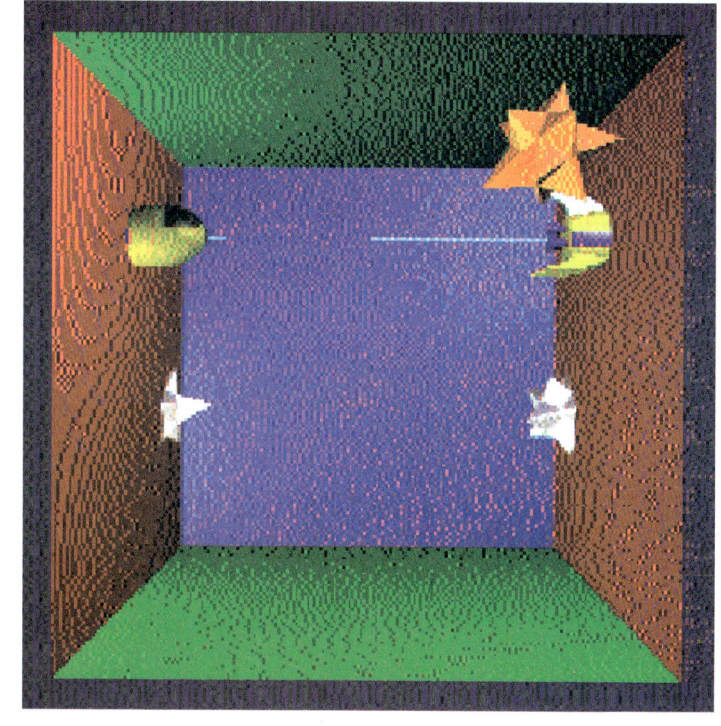

:: 두 개의 별 모양이 포함된 이 닫힌 방 우주에서 오른쪽으로 빠져나가는 우주선의 일부가 이미 왼쪽으로 재진입하고 있다. 우주선이 빠져나갈 수 있는 공간은 아무데도 없다.

다. 일단 방 안으로 들어서면, 거기에 영원히 머물러야 한다. 최소한 우리가 컴퓨터를 끄기 전까지는 말이다.

윅스는 닫힌 우주에 산다는 것이 어떤 의미인지 이해하려고 탈출이 불가능한 기괴한 방을 만들었다. 닫힌 우주란, 우리가 한 방향으로 꽤나 멀리 여행을 떠나지만 결국엔 원래의 출발점으로 되돌아오게 되는 그런 우주를 말한다. 여러 가지 측면에서 그 결과는 윅스가 아들과 함께 즐기는 컴퓨터 게임과 무척 닮았다. 그러나 다시 말하지만, 윅스의 컴퓨터 세계는 우리가 살고 있는 진짜 우주의 모델일 수도 있다.

우리는 우주가 '닫혀' 있다고 충분히 생각할 수 있다. 우리가 어느 한 방향으로 아주 멀리 여행할 수 있다면, 결국 우리가 출발했던 곳으로 정말 되돌아오게 될지도 모른다. 물론 어마어마한 거리와 관련된 것이기 때문에, 그런 긴 여행은 물리적으로 불가능할 것이다. 그러나 그것은 중요한 문제가 아니다. 우주의 곡률을 찾아내고 싶어하는 로버트 커쉬너

:: 만일 닫힌 방의 벽이 투명하다면, 조종사의 시선은 자기 앞에 있는 벽에서 멈추지 않을 것이다. 그의 시선은 방을 '빙 둘러' 반대쪽을 보게 될 것이고, 그래서 그는 자기의 우주선 후미를 보게 될 것이다. 또한 그의 시선은 오른쪽과 왼쪽으로도 빙 둘러 반대쪽을 보게 될 것이고, 위쪽과 아래쪽으로도 마찬가지일 것이다. 그래서 결국 그는 이 그림에서 보는 것처럼 무한하게 반복되는 이미지들에 둘러싸이게 될 것이다.

같은 과학자의 목표는 우주 관광 여행사를 설립하려는 것이 아니기 때문이다. 다만 그들은 우리가 살고 있는 우주를 이해하고 싶을 뿐이다.

우리가 속한 태양계 너머로 우리의 육체를 내보낼 수 있는 일은 결코 일어나지 않을지도 모른다. 그러나 적어도 망원경의 도움으로 수학적 발견의 대 항해에 나설 수는 있다. 윅스의 컴퓨터 세계는 이 수학적인 탐사 여행에서 우리가 무엇을 발견할 수 있을 것인지 조금은 맛볼 수 있게 해준다. 많은 수학자들처럼 윅스 역시 매우 현대적인 탐험가이다. 그러나 윅스의 탐험은 몇 달간의 계획과 준비가 필요하지 않다. 그는 진짜 세계에서 하루 정도 준비한 뒤, 그날 저녁 자기 방에 앉아서 컴퓨터를 켜고 매우 색다른 세계, 즉 수학적인 우주를 향한 탐험을 떠날 수 있다. 물론 그의 육체는 물리적인 세계인 방 안에 머문다. 그러나 그의 마음은 컴퓨터가 창조한 추상적이고 수학적인 세계 속으로 들어간다.

윅스는 말한다. "진짜 세계는 아름답습니다. 우리는 밖으로 나가 꽃을 볼 수 있고 혹은 저 높은 우주를 올려다볼 수도 있습니다. 우리 앞에 이런 물리적인 우주가 펼쳐져 있어 탐험할 수 있는 것은 정말 기적입니다. 하지만 우리가 탐험할 수 있는 또 다른 수학적인 우주가 존재한다는 사실 역시 기적이나 다를 바 없다고 생각합니다. 그리고 그 우주에는 오로지 발견될 날만을 기다리는 아름답고 복잡한 패턴들이 헤아릴 수 없이 많습니다."

인생의 기회들

승률 계산하기

확률이 정말로 중요할 때

면역될까 혹은 면역되지 않을까

카오스 속에서의 질서

수학을 통한 마음의 평화

미국 도박 산업의 공인된 수도, 라스베이거스. 매년 3,000만 명 이상이 자신의 행운을 시험해보고자 네바다 사막 한복판에 있는 이 작은 도시에 구름처럼 몰려든다. 어떤 사람은 수천 달러를 걸 것이고, 또 어떤 사람은 50달러 이상은 걸지 않을 것이다. 큰손이든 소심한 사람이든 그들 모두는 말 그대로 행운의 여신이 자기편이길 기원하며 내기를 걸고 있는 것이다.

말 그대로 '우연한 기회'가 있을 것이기 때문에, 실제로 그들 중 일부는 라스베이거스에 가지고갔던 돈보다 더 많은 돈을 가지고 그곳을 떠나게 될 것이다. 그러나 대부분은 그렇지 않다. 그들은 그럴 수가 없다. 도박의 수학은 그럴 수 없음을 분명히 말해준다. 그런 수학은 17세기 이후로 계속해서 회자되어왔지만, 라스베이거스뿐만 아니라 전세계의 모든 카지노에서 매일 벌어지는 긴장된 행위들을 볼 때, 대부분의 사람들이 그것을 깨닫지 못하고 있는 것처럼 보인다. 혹은 그것을 아예 무시해버리기로 작정했거나 말이다.

:: 휘황찬란한 불빛으로 사람들을 유혹하는 라스베이거스의 야경.

룰렛에서 돈을 딸 수 있는 유일한 방법은 카지노를 소유하는 것이다. 룰렛의 수학은 룰렛을 소유한 사람이 언제나 앞설 것임을 보장한다. 한판 한판의 게임에서 그럴 뿐만 아니라, 하룻저녁 전체를 놓고 보면 그럴 가능성이 더욱 높고 일주일 이상의 특정 기간 동안을 통해 보면 더더욱 확실하다는 얘기다.

수학자 에드 팩켈(Ed Packel)은 우연의 게임에 대해 상세히 연구한 바 있다. 거기에는 룰렛도 포함된다. 그는 우연에 대해 의심하지 않는다. "카지노에서 승리할 가능성은 매우, 매우 적습니다. 일반적으로 말해, 어떤 게임을 하든 그 확률은 우리가 원하는 바에 미치지 못합니다. 하지만 그것이 아무도 돈을 딸 수 없다는 것을 의미하는 것은 아닙니다. 다만 장시간 도박을 하면 누구라도 돈을 잃게 되어 있다는 것을 의미할 뿐이죠."

팩켈은 덧붙여 설명한다. "각각의 게임은 나름대로의 승률을 갖습니다. 아마 가장 예측이 수월한 게임이 룰렛일 것입니다. 수학적 의미에서 매 게임마다 우리는 1달러당 약 5와 4분의 1센트를 잃게 되리라 기대할 수 있습니다."

팩켈은 고객을 속이기 위해 카지노에서 조작해놓은 부정직한 룰렛 바퀴에 관해 말하고 있는 것이 아니다. '정직한' 바퀴라 해도, 승산은 여전히 카지노 편에 압도적이다. 그 수학은 놀라울 정도로 단순하다. 룰렛의 바퀴는 38개의 동일한 구획으로 나누어져 있다. 공이 38개의 구획 중에서 어느 하나로 떨어질 확률은 어느 칸이나 다 똑같다. 따라서 우리가 선택한 구획으로 공이 떨어지지 않을 확률은 37 대 1이다. 그러나 카지노가 돈을 내놓아야 할 가능성은 35 대 1로 맞추어져 있다. 카지노

가 룰렛의 다양한 돈내기 유형에 관해 제공하는 승률은 그 도박장에 작지만 신뢰할 만한 우세를 지속적으로 제공하게끔 면밀히 계산된다. 우리가 이기지 못할 확률과 카지노가 돈을 내놓을 확률간의 차이를 '도박판의 이득'이라 한다. '도박판의 이득'은 수없이 많은 게임을 거치는 동안 카지노에게 지속적인 수익을 확실하게 보장한다.

그리고 그것은 카지노가 우리의 주머니에서 돈을 끄집어내기 위해 노력하는 모든 게임에서 나타난다. 팩켈은 말한다. "모든 게임은 주의 깊게 만들어집니다. 그래서 만일 수학을 좀 안다면 카지노가 절대적으로 유리하리라는 사실쯤은 분명히 알 수 있지요."

물론, 많은 사람들은 승률이 불리하게 되어 있다는 사실을 잘 알면서도 어쨌거나 도박을 하겠다고 스스로 선택한다. 그들은 불확실성으로 인한 흥분을 즐긴다. 그리고 그들은 이렇게 말한다. "게임을 하지 않는다면, 이길 수 있는 기회도 없지 않은가!" 그러나 분명한 사실은 카지노의 소유자들이야말로 도박을 하지 않는 사람들이라는 점이다. 그들은 어떤 우연한 기회를 잡아야 할 필요가 없다. 그들은 수학에 의존하며, 수학이 자신들을 실망시키지 않으리라는 사실을 알고 있다.

수학의 힘을 알고 싶은가? 오늘날 도박은 미국에서 400억 달러짜리 사업으로서, 야구나 영화보다 더 많은 소비자를 끌어들이고 있다. 그리고 그것은 그 어떤 산업보다 더 빠르게 성장하고 있다. 카지노는 수학을 이용해 게임에서 자신들이 1달러당 평균 3센트 정도 챙길 수 있게끔 만들어놓는다. 결과적으로 그들은 매년 160억 달러의 수익을 올리고 있는 것이다.

주에서 발행하는 복권의 경우는 좀더 심하다. 1달러당 거의 50센트를 챙기는 것이다. 그 결과, 매년 공공 재원으로 100억 달러를 확보한다.

이 모든 것은 17세기 중반 프랑스의 수학자 두 명이 주고받은 편지에서 유래했다.

승률 계산하기

우연의 게임은 사회 그 자체의 나이만큼 오래되었다. 무려 기원전 3,500년 전에도 주사위 굴리기에 내기를 걸었다. 초창기의 주사위는 양이나 사슴의 발목에서 꺼낸 작고 네모난 마디뼈나 복사뼈로 만들었다. 그런 게임을 하는 그림이 이집트의 무덤 벽이나 그리스의 화병에서 발견되고 있다. 그리고 반질반질하게 빛나는 복사뼈들이 세계 곳곳의 고고학 유적지에서 발견되고 있다.

우연이란 늘 매력을 불러일으키는 것 같다. 실제로 고대 그리스의 신화에 따르면, 현대 세계는 제우스, 포세이돈, 하데스 삼형제가 우주를 놓고 주사위를 던졌을 때 시작되었다. 그때 제우스가 일등상인 하늘을 따냈고, 포세이돈은 이등상인 바다, 그리고 하데스는 나머지 지옥을 차지할 수밖에 없었다는 이야기가 전해진다.

그런데 아득한 옛날부터 도박이 성행했음에도 불구하고, 1654년까지 아무도 우연의 게임과 관련된 수학적 진실을 규명하지 않았다. 그 점은 그리스인에게는 특히 더 놀라운 일일 수 있다. 그들에게 수학은 최고 형태의 지식이었기 때문이다. 플라톤은 수학을 모든 지식을 얻는 열쇠로 간주했다. 그리고 아리스토텔레스는 수학을 통해 천체(천문학), 지구(기하학), 언어와 사고(논리학), 그리고 음악(음계 이론)을 이해하고자 했다. 그렇다면 그렇게 많은 분야에서 완벽한 질서를 추구했던 고대 그리스인이 왜 주사위에서는 수학적 질서를 찾으려 하지 않

:: 고대 로마의 이 벽화는 동물의 복사뼈로 만든 주사위로 주사위 굴리기 놀이를 하고 있는 여인들을 묘사하고 있다.

았는가?

거의 확실한 답은 그들이 그런 것들에서는 어떠한 질서도 발견하지 못하리라고 믿었다는 것이다. 그들에게 '우연'이란 질서의 완전한 결여를 의미했다. 아리스토텔레스는 이렇게 썼다. "수학자에게 있음직한 논증을 찾으라는 것과, 수사학자에게 논리적인 증명을 요구하는 것은 똑같이 바보 같은 짓이다."

어떤 의미에서 그리스인들은 옳았다. 순수하게 우연한 사건에 질서라는 것은 존재하지 않는다. 그 결과는 전적으로 예측 불가능하다. 우연 속에 감추어진 질서, 즉 수학적인 패턴을 찾는 열쇠는 하나의 우연한 사건을 들여다보는 것이 아니라 똑같은 사건이 여러 번 반복될 때 어떤 일이 일어날지 들여다보는 것이다. 우연한 행위가 여러 번 반복되었을 때, 드디어 질서 잡힌 패턴, 즉 수학적으로 연구할 수 있는 패턴이 드러난다.

주사위에 부정이 없다는 가정 하에, 만일 제우스, 포세이돈, 하데스가 매년 다시 모여서 내기를 반복하기로 합의했다고 하자. 그러면 수세기가 지나는 동안, 그들 각각은 그 기간의 오직 3분의 1 동안만 지옥에서 견디면 된다. 나머지 3분의 2 동안은 천국에서 반, 바다에서 반씩 보낼 것이다.

16세기 이탈리아의 내과의사 기롤라모 카르다노(Girolamo Cardano)는 주사위에 흥미를 느꼈다. 카르다노는 환자를 돌보지 않을 때는 도박대 앞에 앉아 있거나 오로지 수학에 전념할 뿐이었다. 그는 이 두 가지 열정을 결합시켜 주사위

:: 르네상스 때 루이지 사바텔리(Luigi Sabatelli)가 그린 이 프레스코 천장 벽화는 신화에 나오는 올림포스 산 정상의 판테온을 묘사하고 있다. 그리스 신화에서는 한낱 유한한 인간의 운명이 까다로운 성미를 가진 너무나 인간적인 신들의 변덕 때문에 늘 혼란에 빠진다.

던지기에서 숫자로 된 값을 어떻게 할당할 것인지 보여줌으로써 우연에 대한 수학적 이론의 첫발을 내딛었다. 그는 이것을 《우연의 게임에 관한 책(Book on Games of Chance)》에 적어놓았다. 이 책은 1525년에 첫 출판되었고, 1565년에 개정되었다.

카르다노는 주사위를 던지고 있다고 가정해보라고 말한다. 주사위가 '정직하다'고 가정할 때, 1에서 6까지의 숫자 중 어떤 하나의 숫자가 나올 기회는 똑같을 것이다. 따라서 1에서 6까지의 숫자 각각이 나올 기회는 6분의 1이다.

:: 기롤라모 카르다노.

오늘날 우리는 이것을 확률이라고 한다. 이를테면, 숫자 5가 나올 확률은 6분의 1이라고 말한다. 그는 1 또는 2가 나올 확률은 6분의 2, 즉 3분의 1이 되어야 한다고 추론했다. 원하는 결과가 전체 여섯 가지 중에서 두 번의 가능성 중 하나이기 때문이다.

카르다노는 더 나아가, 주사위를 반복해서 던졌을 때, 혹은 두 개의 주사위를 동시에 던졌을 때 특정한 결과가 나올 확률을 계산했다. 예를 들면, 카르다노는 주사위를 두 번 연속 던졌을 때 두 번 모두 6이 나올 확률은 6분의 1 곱하기 6분의 1, 즉 36분의 1이라고 추론했다. 두 가지의 확률을 곱하면 된다. 첫 번째 던지기에서 여섯 가지 결과가 나올 수 있고, 두 번째 던지기에서는 앞에서 나온 여섯 가지 각각에서 또 다시 여섯 가지씩 나올 수 있기 때문에, 간단히 말해 총 36가지의 조합이 가능한 것이다. 마찬가지로, 두 번의 연속적인 주사위 던지기에서 계속해서 1 또는 2가 나올 확률은 3분의 1 곱하기 3분의 1, 즉 9분의 1이다.

한 쌍의 주사위를 던져 나온 두 숫자를 더했을 때, 이를테면 5가 될 확률은 얼마인가? 카르다노는 이 문제를 이렇게 분석했다. 각각의 주사위에서 여섯 가지 숫자가 나온다. 따라서 두 개의 주사위를 던졌을 때는 36가지의 숫자 조합이 가능하다. 하나의 주사위에서 나온 여섯 가지 결과가 제각기 다른 하나의 주사위에서 나올 수 있는 여섯 가지의 결과와

짝을 이룰 수 있는 것이다. 이들 중 합이 5가 나올 수 있는 경우는 몇 가지나 될까? 그 경우들을 모두 열거해보자. 1과 4, 2와 3, 3과 2, 4와 1이다. 모두 합쳐 네 가지의 가능성이 존재한다. 따라서 36가지 중에서 합이 5인 경우는 네 가지다. 결국 합이 5가 나올 확률은 36분의 4, 즉 9분의 1이다.

카르다노의 분석을 염두에 둔 신중한 도박꾼이라면 좀더 현명하게 주사위 던지기 노름에 돈을 걸 수 있을 것이다. 혹은 아예 노름 따위는 하지 않을 정도로 분별 있게 굴 수도 있을 것이다. 그러나 카르다노는 현대의 확률론으로 이어질 수 있는 핵심적인 단계 바로 앞에서 멈추고 말았다. 이것은 17세기 초, 자신의 도박 실력을 향상시키고 싶어했던 후원자 투스카니 대공의 요청에 따라 카르다노의 분석 중 상당 부분을 복구한 위대한 이탈리아의 물리학자 갈릴레오의 경우도 마찬가지였다.

카르다노나 갈릴레오 모두 주사위를 던지는 것과 같은 우연한 사건의 결과에 숫자로 된 값을 할당하는 데 초점을 두었을 뿐, 도박 테이블 차원을 넘어서는 일반적인 상황에서 그 결과들을 진단하는 경우에 숫자, 즉 확률을 사용할 수 있는 방법이 있는지는 진지하게 찾아보지 않았다. 인간이 전문적인 위험 관리의 현 시대를 향해 중대한 도약을 하게 된 것은 그들 이후의 수학자들이 그에 관한 의문을 제기했을 때였다.

:: 블레이즈 파스칼.

1654년 프랑스의 수학자 블레이즈 파스칼(Blaise Pascal)과 피에르 드 페르마(Pierre de Fermat)는 오늘날 대부분의 사람들이 현대 확률론의 효시라고 인정하는 일련의 편지를 교환했다. 비록 그들의 분석 역시 도박이라는 구체적인 문제로 표현되긴 했지만, 두 사람은 그 문제를 넘어선 영역에 대해 고심했고, 폭넓고 다양한 상황에 적용할 수 있는 일반적인 이론을 개발했다. 그것은 다양한 유형의 사건들에서 나올 법한 결과들을 예측하는 데 적용할 수 있는 이론이었다.

파스칼과 페르마가 편지를 주고받으며 검토한 문제는 최소한 근 200년 동안이나 사람들을 괴롭힌 문제였다. 즉, 만일 게임이 중간에 중단되는 불상사가 발생했을 경우 도박꾼들은 판돈을 어떻게 나누어야 하는가? 예를 들면, 5판 3선승의 주사위 던지기 도박을 하고 있었다고 가정하자. 그런데 한 선수가 2 대 1로 앞서고 있는 상황에서 게임을 그만두어야 한다면, 그들은 판돈을 어떻게 나누어야 할까?

만일 게임이 동점이었다면, 문제는 발생하지 않았을 것이다. 그들은 간단히 판돈을 반으로 나누어 가지면 되었을 것이다. 그러나 이 경우는 동점 상황이 아니다. 공정을 기하려면 한 사람이 다른 사람에게 2 대 1로 앞서 있는 상황을 판돈의 분배에 반영해야 한다. 그들은 게임이 계속되었다면 어떻게 될지를 놓고 가장 그럴듯한 가능성을 규명해야 한다. 다시 말해, 그들은 미래를 내다보아야 한다. 물론 가설적인 미래일 테지만 말이다.

답을 얻기 위해 파스칼과 페르마는 그 게임이 계속되었을 때 나올 수 있는 가능한 모든 결과를 검사했다. 그리고 각각의 경우에 누가 이기게 되는지를 조사했다. 5판 3선승제 게임에서 한 도박꾼이 다른 도박꾼을 2 대 1로 앞선 세 번째 판이 끝나고 게임이 중단된 경우, 게임을 끝까지 했을 때 나올 수 있는 경우의 수는 네 가지다. 그리고 네 가지 경우 중 세 가지는 세 번째 판까지 앞서고 있던 도박꾼이 이기게 된다. 따라서 판돈의 4분의 3은 앞서고 있던 도박꾼에게, 그리고 나머지 4분의 1은 상대 도박꾼에게 돌아가도록 판돈을 나누어야 한다.

파스칼과 페르마가 사용한 논증은 다음과 같다. 파스칼과 페르마가 그 도박꾼들이라고 가정하고, 세 번의 게임에서 우선 파스칼이 이기고 그

> 확률 이론은 무작위성 속에서 모종의 패턴을 찾을 수 있게 해줍니다. 한 단계 한 단계마다 어떤 일이 벌어질지 예측할 수는 없지만, 꽤 오랜 시간에 걸쳐서는 무슨 일이 벌어질지 예측할 수 있습니다.
>
> 에드 팩켈 | 수학자 겸 도박 전문가 |

:: 피에르 드 페르마.

다음은 페르마, 그리고 그 다음은 다시 파스칼이 이겼다고 가정하자. 따라서 게임이 중단되었을 때 파스칼이 2 대 1로 앞서고 있는 셈이다. 만일 마지막 두 게임이 치러진다면, 여기서 나올 수 있는 가능한 결과는 두 번 다 파스칼이 이기는 경우, 파스칼이 이기고 다음에 페르마가 이기는 경우, 페르마가 이기고 다음에 파스칼이 이기는 경우, 또는 페르마가 두 번 다 이기는 경우 등 네 가지다. 이 중 파스칼이 게임 전체의 승자가 되는 경우는 세 번이다. 오직 마지막 경우에만 페르마가 전체 게임을 이길 수 있다. 물론 실제로 처음 두 경우라면 아마도 속개된 첫 번째 게임(전체 경기에서 보면 네 번째)이 끝난 후에 게임을 멈추었을 것이다. 다 합쳐 세 번 승리하는 사람이 게임 전체의 승자가 된다는 사실을 알기 때문이다. 그러나 '만약의 미래'에 대한 정확한 수학적 전망을 얻기 위해서는 다섯 번의 게임을 모두 치렀을 때 나올 수 있는 가능한 모든 경우를 고려해야 한다.

미래의 가능한 사건들에 숫자로 된 값을 할당하기 위해 미래에 발생할 모든 사건 유형을 어떻게 조사해야 하는지 보여준 파스칼과 페르마는 단지 오랫동안 난제로 남아 있던 문제를 종결시키는 것 이상의 일을 한 셈이 되었다. 위험 진단과 위험 관리의 현 시대로 진입하는 서막이 열린 것이다.

확률이 정말로 중요할 때

오늘날 우리는 파스칼과 페르마가 남겨놓은 유산 속에서 살고 있다. 우리는 늘 미래를 예측하고자 노력한다. 기상 예보는 내일 비가 내릴 확률이 얼마인지 말해준다. 우리는 그 정보에 따라서 밖에 나갈 때 우산을 가지고 갈 것인지 말 것인지를 결정한다. 주식 투자는 기업의 미래 실적에 관한 확률에 따라서 결정된다. 우리는 유쾌하지 않은 사건으로부터 자신을 보호하기 위해 보험을 든다. 우리는 언제 어디서 어떤 중요한 확률을 계산하게 될지 결코 알지 못한다. 그런데 문제는 이것이다. 도박장을 떠나 일상생활에서 확률을 계산해보고자 할 때, 카르다노나 파스칼과 페르마가 수행했던 것과 같은 순수한 추론을 이용해 확률을 결정할 수 없다는 것이다. 일상생활에는 룰렛의 바퀴란 존재하지 않는다. 실제 세계와 관련되어 있는 한, 우리는 밖으로 나가서 자료를 수집해야 한다. 통계학의 세계로 들어선 것이다.

당신이 담배와 관련된 질병으로 죽을 확률이 얼마인지 알고 싶은가? 이 문제를 규명할 수 있는 순전한 수학적 방법은 존재하지 않는다. 그러나 지금까지 통계학자들은 실제 세계의 자료 수집을 통해 답을 제공할 수 있었다. 그들은 매년 40만 명의 미국인이 담배로 인해 사망한다는 사실을 알아냈다. 이것은 아주 거대한 점보 제트기가 매일 세 대씩 추락해 탑승객 전원이 사망하는 것과 같은 수치다.

자동차 사고가 났을 때, 안전벨트를 매는 것이 살 수 있는 확률에 어떤 영향을 미치는지 알고 싶은가? 다시 한번 말하지만, 이 문제는 수학 하나에만 의존해 규명할 수 없다. 그러나 통계학자들은 자료를 수집함으로써 다시 한번 답을 내놓을 수 있다. 자동차가 충돌했을

:: 충돌 실험용 인형들은 자동차 안전벨트와 에어백이 우리를 어떻게 보호해주는지 연구하는 데 도움을 준다.
ⓒCORBIS SYGMA

통계는 이야기에서 한 몫을 차지하는 숫자들입니다.

조지 콥 | 통계학자

때 안전벨트를 착용한 경우, 사망률을 50퍼센트까지 줄인다. 에어백을 장착하면 추가적으로 생존율이 11퍼센트 높아진다.

오늘날 통계학은 거대한 사업이 되어 있다. 통계학은 수없이 많은 방식으로 우리의 삶을 지배한다. 우리가 가게에서 살 수 있는 것은 무엇이며, 탈 만한 자동차는 무엇이고, 벌 수 있는 돈은 어느 정도이고, 보려는 영화는 어떤 것이며, 텔레비전에서 보는 광고는 어떠한지 등. 그 밖에 우리 일상생활의 많은 부분이 통계학에 엄청난 영향을 받는다. 통계학자들은 숫자적인 자료를 수집한다. 그런 다음 그 숫자들을 이용해 우리가 어떻게 살고 있으며, 우리의 필요와 욕구는 무엇이고, 심지어는 어떻게 죽을 확률이 높은지 등을 이해하는 데 활용한다. 그들은 자료를 들여다보고 거기서 어떤 결론을 이끌어내고자 노력한다. 통계학자 조지 콥(George Cobb)은 우리가 연극이나 소설에서 어떤 의미를 찾듯이, 통계학은 숫자에서 그 의미를 찾는다고 말한다. "통계학은 패턴과 숫자, 그리고 그것들이 의미하는 바 사이에 어떤 상호 작용이 있는지 발견하는 일과 관련이 있습니다."

수학자 할 스턴(Hal Stern)은 아이오와 주립대학교에서 확률과 통계를 가르친다. 야구광인 그는 자신의 수학적 지식을 이용해 지역 야구팀인 아이오와 커브스의 발전 과정을 차트로 작성한다. 그는 말한다. "나는 언제나 숫자를 좋아했습니다. 어릴 때는 리틀 리그팀 소속이었는데, 거기서도 친구들의 타율 등을 계산해주었죠."

야구 감독은 최적의 전략을 결정하기 위해 늘 확률론을 사용한다고 스턴은 설명한다. 그들 스스로는 그렇게 생각하지 않는다 하더라도 말이다. "번트를 대야 할지 말아야 할지, 혹은 특정한 날에 누구를 선수로 내보내야 할지 결정하는 일은 감독이 확률을 평가하는 능력에 달린 문제입니다. 그런 판단을 내리는 것은 어려운 일입니다. 아무도 실제로 어떤 일이 일어날지 알 수 없기 때문이죠. 결국, 최고의 성공 확률을 기대

:: 야구는 분초를 다투며 판단을 내려야 하는 스포츠이다. 그렇기 때문에 감독은 정교한 통계 자료를 갖고 있어야 한다. 이를테면, 포수가 태그아웃시키기 전에 주자가 홈으로 들어올 가능성은 얼마나 되는지 등에 대해서 말이다.

할 수 있는 경우를 근거로 결정을 내릴 뿐입니다."

때때로, 미래에 어떤 일이 일어날지 진단하려는 노력은 훨씬 더 중요한 의미를 갖기도 한다. 예를 들어, 그냥 두면 목숨을 잃을 수도 있는 질병에 걸린 환자를 맞았을 때, 그 질병에 대해 유일하게 알려져 있는 치료법이 사망의 위험을 수반한다면, 의사는 치료의 성공 확률과 그 질병을 치료하지 않았을 때 환자가 생존할 수 있는 확률을 비교해야만 한다. 이때 확률 이론은 누군가의 생사를 가를 수도 있다.

면역될까 혹은 면역되지 않을까

위의 사례는 현대 의학이 어떻게 확률의 수학, 즉 개연성의 계산에 의존하고 있는지를 보여주는 한 가지 사례에 불과하다. 매년, 미국 식품의약청(FDA)은 새로 발견된 질병 치료법을 평가하기 위해 확률 이론에 의존한다.

먼저, 새로운 약이 실험실에서 효과가 있는 것으로 밝혀진다. FDA는 그 약의 일반적인 사용을 허가할 것인지, 그리고 그렇게 한다면 그 시점은 언제로 할 것인지 결정해야 한다. 그것은 쉬운 결정이 아니며, 가볍게 취급할 수 있는 문제도 아니다. FDA가 사용을 허가하려면, 적절한 연구가 선행되어야 한다. 바로 거기서 수학이 개입한다.

수전 엘렌버그는 FDA의 한 부서를 맡고 있는 국장이다. 그 부서는 새로운 백신의 효능을 평가한다. 그녀는 그 평가 과정을 설명하기 위해 소아마비 백신을 예로 든다.

1916년에서 1950년대에 기능 장애뿐 아니라 심지어는 목숨까지도 앗아갈 수 있는 질병이었던 소아마비는 미국을 비롯해 전세계에 수십 만 명의 환자를 발생시켰다. 희생자 중 대다수는 아이들이었다. 그 질병이 어떻게 전염되는지는 아무도 알지 못했고, 사람들은 두려움에 떨었다. 엘렌버그는 그때를 이렇게 회상한다. "모두가 소아마비를 무서워했죠. 사람들은 자식을 수영장에 보내지 않았습니다. 소아마비는 가장 무서운 질병 중 하나였으니까요."

전세계의 의학자들은 그 질병을 막을 수 있는 백신을 찾고자 애썼다. 마침내 조나스 솔크(Jonas Salk) 박사가 실험실 검사 결과, 안전하고 효과를 믿을 만한 백신을 개발했다. 그러나 문제는 그 백신이 실험실 밖에서도 똑같이 안전하고 효과가 있을 것인가였다.

그 백신을 사용한 뒤에 소아마비가 감소하더라도, 그것이 백신의 효과 때문인지 어떻게 알 수 있는가. 그것은 순전히 우연일 수도 있다. 대부분의 전염병이 그렇듯 소아마비도 주기적으로 나타났다. 몇 년 동안 발병이 잦다가, 또 몇 년 동안은 단 몇 건만 보고되곤 했던 것이다. 그렇다면 이런 상황에서 우연의 일치일 가능성을 어떻게 제거하겠는가?

이때 바로 확률을 사용한다. FDA는 새로운 소아마비 백신을 검증하기 위해 두 부류의 아이들을 대상으로 통제된 실험을 준비했다. 한 부류의 아이들에게는 새로운 백신을 투약하고, 나머지 부류의 아이들에게는 플라시보를 투약하는 것이다. 그것은 식염수처럼 의약 성분이 전혀 들어 있지 않은 완전히 무해한 물질이다. "우리가 원하는 결과는 백신을 맞지 않은 부류보다 백신을 투여한 부류에서 소아마비 발병이 적게 나타나는 것이었습니다." 엘렌버그가 설명한다.

그 실험은 1954년 무작위로 선발한 40만 명의 어린이를 대상으로 실시되었다. 아이들을 두 집단으로 나누면서, 두 집단이 질적으로 매우 유사하다는 것을 보장하는 데 세심한 주의를 기울였다. 예를 들면, 한 집단의 아이들이 다른 집단의 아이들보다 부유한 가정 출신이라면 좋지 않을 것이다. 혹은 두 집단의 아이들이 각기 다른 지역 출신이어도 마찬가지다. 전자의 경우에 생활 수준이 변수가 되어 차이를 만들 수 있고, 후자의 경우에는 출신 지역이 변수가 될 수 있기 때문이다.

실험자들은 두 집단이 모든 측면에서 비슷하다고 확신했고 백신을 투여한 집단의 소아마비 발병률이 현저하게 낮다는 사실이 드러나자, 결론은 분명했다. 솔크의 백신이 효력을 발휘한 것이다. 백신의 시판이 허가되었다.

때때로 임상 실험은 비판을 받기도 한다. 솔크 백신 실험에서 플라시보 집단에 속한 아이 중 일부는 소아마비에 걸렸다. 만일 그들이 '운이 아주 좋아서' 반대 집단에 배정되었다면, 백신을 투여받았을 것이고 질병을 극복할 수 있었을 것이다. 그러나 너무나 많은 변수가 작용할 수 있는 상황에서 다른 방법은 없다. 엘렌버그는 말한다. "임상 실험은 필요합니다. 새로운 치료법을 의도적으로 사용할 때 안전하고 효과적인지 결정할 수 있는 유일한 방법이기 때문입니다."

엘렌버그는 이 점을 강조하기 위해 몇 년 전에 실시한 또 다른 실험을 인용한다. "몇 년 전에 루게릭 병, 즉 근위축성측삭경화증에 대한 새로운 치료법이 개발되었습니다. 이전에는 이 질병에 대한 표준적인 치

> 사람들은 대개 숫자 자체를 많이 생각하고 내가 흥미롭게 생각하는 부분에는 관심을 덜 보입니다. 나는 숫자를 이용해 태양 아래 벌어지는 모든 일을 판단하고 싶은 겁니다.
>
> 할 스턴 | 수학자 |

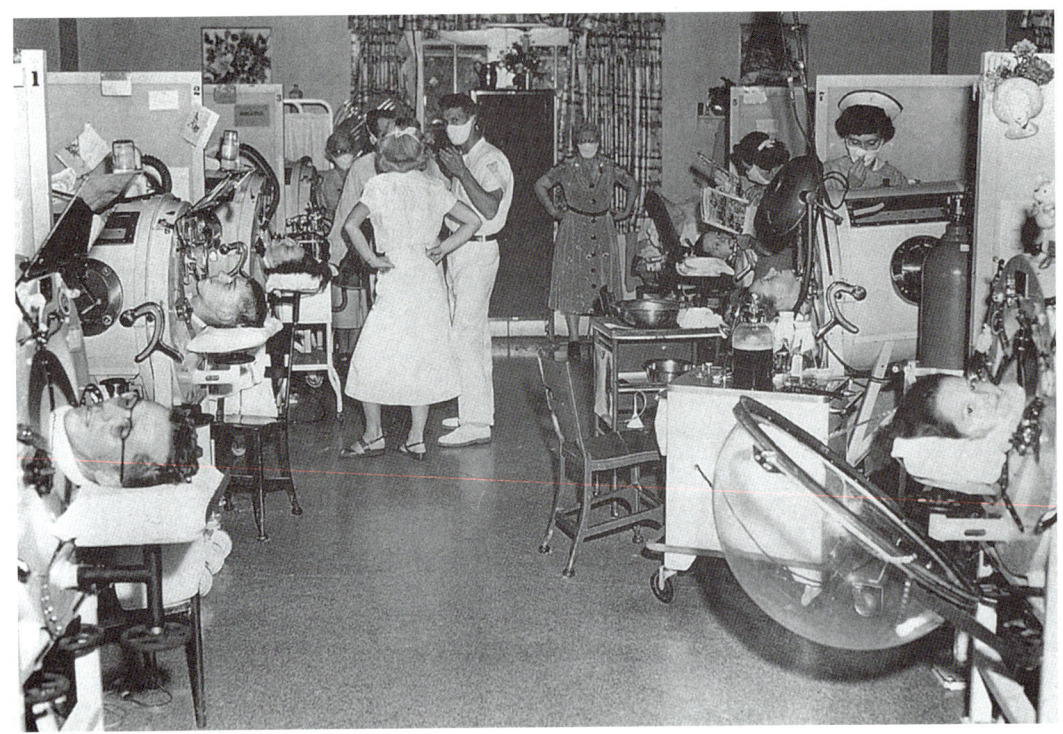

:: 1953년, 불운하게도 소아마비에 걸려 고통받는 환자들이 호흡 보조 장치를 부착한 채 치료를 받고 있다.

료 방법이 존재하지 않았습니다. 사람들은 근육의 기능을 상실하고 결국 죽게 되었죠."

새 치료법은 실험실에서 효과가 있는 것으로 판명되었다. 많은 이들이 그 방법을 즉각 실용화해줄 것을 요청했다. FDA는 임상 실험을 고집했다. 엘렌버그는 설명을 계속한다. "이 실험은 플라시보 통제 실험으로 진행되었습니다. 그런데 새로운 약으로 치료받은 일부 사람들의 병세가 악화된 것으로 밝혀졌습니다. 실험은 중단되었죠. 그 치료법은 광범위하게 허용될 수 없었습니다. 아무도 함부로 속단할 수는 없습니다."

카오스 속에서의 질서

임상 실험에서 우연한 사건일 가능성이 있을 때, 확률의 영향력과 맞서 싸우기 위해서는 확률에 대한 우리의 이해를 활용하는 것이 유일한 방법이다. 예를 들면, 실험 집단을 무작위로 선발하는 것이 무척 중요하다. 그래야 목표로 한 집단(어린이, 여성, 혹은 그 누구든)에서 누구라도 동등하게 선발될 수 있을 것이기 때문이다.

마찬가지로, 실험 집단을 둘로 나누는 것 역시 반드시 무작위로 이루어져야 한다. 두 집단을 구분짓는 유일한 사실은, 한쪽은 투약을 받고 다른 쪽은 그렇지 않다는 것뿐임을 분명히 해야 한다. 투약하는 의사들조차 환자에게 약을 주고 있는지 아니면 플라시보를 주고 있는지 모르게 해야 한다.

무작위적 할당은 매우 효과적이다. 결국에 가서는 무작위성이 극단적으로 중요해지기 때문이다. 놀랍게도, 단일한 무작위적 사건에서 나타나는 완벽한 무질서와 예측 불가능성은 그와 유사한 사건들이 반복적으로 발생하면서 매우 규칙적이고 예측 가능한 패턴으로 탈바꿈한다.

존 갤튼(John Galton)은 이런 현상을 처음 연구한 사람 중 한 명이다. 그는 19세기에 살았던 아마추어 수학자였다. 그의 이름을 딴 갤튼 보드라는 장치는 다수의 무작위적 사건들에서 질서가 드러나는 모습을 잘 보여준다.

갤튼 보드는 나무와 유리를 얇게 포개놓아 그 안으로 작은 공(혹은 동전)을 떨어뜨릴 수 있게 되어 있다. 공의 통과 경로는 규칙적으로 배열된 핀(혹은 못)의 방해를 받는다. 공이 핀을 건드렸을 때, 공은 동일한 확률로 왼쪽 혹은 오른쪽으로 튄다. 다시 공은 또 다른 핀을 건드리고 왼쪽 혹은 오른쪽으로 튄다. 공이 바닥에 다다를 때까지 이 과정이 계속된다. 따라서 우리는 완벽하게 무작위적인 일련의 사건을 겪게 된다. 거기서 공은 동일한 확률로 왼쪽 혹은 오른쪽으로 튄다.

:: 표준 분포의 벨 곡선.

공을 단 하나만 떨어뜨리면, 우리는 그것이 어느 쪽으로 갈지 전혀 모른다. 그러나 공을 계속해서 많이 떨어뜨리면 그것들이 어디로 떨어질지 놀랄 정도로 정확하게 예측할 수 있다. 우리는 쌓여가는 공들이 그리게 될 곡선의 모양을 예측할 수 있다. 매우 적은 수의 예외를 제외하면 늘 종 모양의 곡선을 얻게 될 것이다. 수학자들은 그 모양을 '2항식 분포'라고 한다. 그것은 무작위적 사건의 완전한 혼돈에서 예측 가능한 질서가 등장하는 극적인 과정을 보여준다.

오늘날과 같이 정보가 풍부하고 예측을 좋아하는 사회에서 무작위적인 선택은 너무나 중요하기 때문에 보통 그 과정은 컴퓨터에 의해 기계적으로 이루어진다. 그리고 신약의 평가나 여론 조사에서 무작위 표본의 중요성을 인식하지 못하는 사람은 거의 없다.

하지만 늘 그랬던 것은 아니다. 1936년 미국 대통령 선거에서 공화당의 알프 랜든은 당시 대통령이었던 민주당의 프랭클린 델라노 루스벨트와 대권을 겨루고 있었다. 결과를 예측하기 위해 《리터러리 다이제스트》지는 1,000만 명에게 설문 용지를 배포해 역사상 가장 규모가 큰 선거 여론 조사를 실시했다. 그리고 그 결과 랜든의 압도적인 승리를 예측했다.

:: 유명한 여론 조사 전문가인 조지 갤럽이 표본 추출의 원리를 입증해 보이고 있다. 왼쪽의 큰 그릇에는 흰 콩과 검은 콩 각각 500개가 완벽하게 뒤섞여 있다 갤럽은 눈을 감은 채 총 100개의 콩을 집어낸다. 그 결과 자신이 선택한 표본이 대략 흰 콩 50개와 검은 콩 50개라는 사실을 알게 될 것이다. 책상 위의 도표는 이 실험을 다섯 번 연속 실시했을 때 검은 콩과 흰 콩의 정확한 개수를 보여준다.

	Black	White
First Sample	49	51
Second "	44	56
Third "	50	50
Fourth "	52	48
Fifth "	47	53

같은 선거에서 조지 갤럽(George Gallup)이라는 여론 조사원도 여론 조사를 실시했다. 그의 설문 조사는 《리터러리 다이제스트》지보다 훨씬 규모가 작았다. 그는 단지 5만 명에게 질문을 던졌고, 그에 근거해 루스벨트의 승리를 예측했다.

선거 결과는 루스벨트의 승리였다. 5만 명을 대상으로 여론 조사를 실시한 갤럽이 맞고, 1,000만 명을 대상으로 한 《리터러리 다이제스트》는 틀렸다. 무엇이 그 차이를 만들었을까?

무작위성이었다. 갤럽은 전체 인구에서 무작위로 5만 명의 선거인을 선정했다. 그리고 그들에게 어떻게 투표할 것인지를 직접 물었다. 그러나 《리터러리 다이제스트》지는 잡지 구독자와 클럽 회원권 소지자, 그리고 전화번호부에 의존했다. 결과적으로, 그들의 표본은 무작위가 아닌 셈이 되었다. 특히, 그들은 《리터러리 다이제스트》 같은 잡지를 구독하거나 클럽에 속할 가능성이 거의 없고 전화도 없던 대부분의 빈곤층을 배제했다.

《리터러리 다이제스트》 여론 조사의 또 다른 문제는 응답률이었다. 우편 설문 조사였기 때문에 응답률은 20퍼센트에 불과했다. 응답자의 대부분은 루스벨트에게 불만이 있어서 그가 랜든에 의해 쫓겨나기를 바라는 사람들이었다. 대체로 루스벨트에게 호의적이던 사람들은 귀찮게 선거 여론 조사에 응하지 않았던 것이다.

신뢰할 만한 여론 조사를 위해서는 무엇이 필요한가? 빌 카이(Bill Kaigh)가 그 답을 줄 수 있다. 카이는 여론 조사 전문가이자 엘패소에 있는 텍사스 대학교의 수학 교수이다. 그와 그의 아내 제리는 지난 10년 동안 엘패소에서 여론 조사 업체인 '카이 연합'을 설립해 운영해 왔다.

:: 프랭클린 루스벨트 대통령이 공화당 후보 알프 랜든에게 일방적으로 패배할 것이라고 예측한 당시 《리터러리 다이제스트》지의 표지

> 불확실성을 다룰 수 있다는 것, 그것이 바로 확률의 근본적인 의미이며 통계학의 목표인 셈이지요. 그것은 내게 늘 매혹적인 것이었어요. 미래를 예언할 수 있다는 것 말이에요.
>
> | 빌 카이 | 수학자 겸 여론 조사 전문가 |

"훌륭한 여론 조사의 구성 요인은 무엇일까요?" 카이는 되묻는다. "가장 먼저 물어야 하는 질문은 표본이 과학적으로 선정되었는가입니다. 다시 말해 무작위성이 확실히 보장되었는가 하는 것이죠. 그리고 이것은 다음 질문으로 이어집니다. 조사가 표본을 선정했는가, 아니면 표본이 조사를 선정했는가?"

《리터러리 다이제스트》의 여론 조사는 표본이 조사를 선택했다. 오로지 루스벨트에 강한 반감을 갖고 있던 사람들만이 응답했던 것이다. 똑같은 이유에서, 우리가 가끔 텔레비전에서 보는 전화 여론 조사(보통 900개의 번호를 사용한다) 역시 신뢰할 만하지 못하다. 여론 조사가 정확하려면, 훨씬 커다란 집단에서 대상자를 선택해야 한다.

카이는 최근에《엘패소 타임스》지와 지역 방송인 채널 7로부터 시장 선거 예측을 위한 여론 조사를 주도해줄 것을 요청받았다. 그는 엘패소의 선거인명부를 가지고 작업을 시작했다. 그리고 컴퓨터로 300명을 무작위로 선발했다. 철저히 무작위로 선발했기 때문에, 단 300명만으로도 충분하다고 그는 확신했다. "많은 사람들은 실제로 몇 백만 명이 될 수도 있는 인구를 몇 백 명이라는 비교적 적은 표본으로 일반화할 수 있다는 사실을 쉽게 인정하려 하지 않았습니다." 카이가 말한다. 그러나 열쇠는 무작위성이다.

표본을 선정한 다음 단계는 설문 문항을 개발하는 것이다. 이것 역시 과학적으로 처리해야 한다. 카이가 설명한다. "일련의 설문 문항을 철저하게 다듬어 나갑니다. 특정한 응답을 유도하거나 편향적인 질문으로 느껴질 수 있는 감정적인 어휘의 사용을 배제합니다." 예를 들어, '현시장'과 같은 난어들 사용하시 않는다. 그것은 상대 후보에 비해 현직 시장에게 권위를 부여할 수 있는 표현이기 때문이다.

마지막으로, 몇 번의 시범 조사를 마친 후 여론 조사 준비가 완료되었다. 표본 목록을 가지고 작업에 착수한 제리 카이는 전화를 걸기 시작했다.

그녀는 이렇게 시작했다. "안녕하세요, 카이 연합에서 전화드립니다. 저희는 과학적인 여론 조사를 수행하고 있습니다." 그녀는 질문 목록을 신중한 태도로 천천히 훑어 내려가면서 특정한 응답을 유도하는 일이 없게끔 중립적인 인상을 주는 데 신경을 썼다. 그 작업은 천천히, 그러나 꾸준히 진행되었고, 자료가 축적되었다.

선거 일주일 전, 빌 카이는 사무실에서 그 결과를 분석하고 있었다. 결과는 분명했다. 표본의 71퍼센트가 현직 시장에게 투표하겠다는 의지를 보였다. 표본을 전체 투표인단에서 무작위로 선택했기 때문에 카이는 자신의 결과 예측에 매우 자신감을 보였다. 드디어 선거 날이 다가오고, 그의 예측은 정확히 맞아떨어졌다.

그는 미국과 같은 민주주의적 자유 시장 경제에서 여론 조사는 우리 삶의 모든 측면에서 점점 더 중요해지고 있다고 말한다. "우리는 대다수의 사람들이 어떻게 느끼는지에 관심이 많습니다. 그것이야말로 우리 정치 구조의 기본적인 토대를 이루는 것이지요. 또한 신제품의 출시 여부도 전형적으로 설문 조사를 통해 검증됩니다. 여론 조사는 우리가 텔레비전에서 보는 것의 상당 부분을 결정합니다. 어떻게 보면 우리 일상 생활의 거의 모든 측면이 대중의 여론에 영향을 받는 셈이지요."

수학을 통한 마음의 평화

카지노에는 발도 들여놓지 않을뿐더러 아예 도박 자체를 반대하는 사람들이 많이 있다. 그럼에도 불구하고 그들은 자기가 부여하는 가치를 근거로 자신의 생활, 집, 차, 그리고 그 밖의 다른 소유물에 정기적으로 돈을 걸 것이다. 보험이 바로 그것이다. 이를테면, 보험사는 자동차가 교통사고로 심각한 피해를 입게 될 확률이 얼마나 되는지 평가해 보험료를 산정한 뒤 보험 가입자가 그런 우발적인 사고를 당했을 때 일정한 보상금을 지불한다. 만일 사고가 일어나지 않는다면, 보험사는 보험 가입자가 납입한 비교적 적은 액수의 보험료를 챙긴다. 반면, 사고가 일어나서 자동차가 대파된다면 보험사는 새 차의 가격을 보상한다.

보험사는 지불해야 할 보험금과 납입 보험료 사이의 엄청난 차이를 상쇄하기 위해 수학을 이용한다. 사고 빈도를 계산(혹은 추산)한 자료를 근거로 보험사는 보험 가입자가 납입해야 할 보험료 총액이 자신들이 지불하게 될지도 모를 보험금 총액을 늘 넘어설 수 있게끔 보험료를 설정하고 보험증권을 판다. 보험사는 일단 보험료를 책정해 보험증권을 팔고 나면 자신의 운명을 행운의 여신에게 맡기는 수밖에 없다. '운이 나쁜' 해에는(보험사와 피보험자 모두에게) 예상했던 것보다 훨씬 많은 보험금 청구가 있을 것이고 따라서 보험사는 예년보다 많은 보험금을 지불해야 한다. 보험사의 수익은 떨어지고 손해를 볼 수도 있다. '운이 좋은' 해에는 예상보다 적은 보험금 청구가 있을 것이고 회사의 수익은 높아질 것이다.

예를 들면, 생명보험증권은 예상수명표에 근거한다. 그것은 현재 나이, 거주지, 직업, 생활양식 등을 근거로 특정한 사람이 평균적으로 몇 년을 살게 될 것인지를 일목요연하게 도표화한 것이다.

예상수명표는 모집단에 대한 통계학적 조사를 통해 작성된다. 이 조사는 1662년 존 그랜트(John Graunt)라는 상인이 런던에서 처음으로 실시했다. 그는 1604년에서 1661년까지 런던에서 태어난 사람과 죽은 사람을 상세히 분석했다. 그가 사용한 주요 자료는 런던 시가 1603년부터 수집한 '사망표(Bills of Mortality)'였다.

그랜트가 어떤 이유로 그런 연구를 하게 되었는지는 분명치 않다. 어쩌면 순전히 지적 호기심 때문이었을지도 모른다. 그는 "이렇게 형편없고 지리멸렬한 사망표에서 심오하고도 예기치 못한 추론을 연역해낼 수 있다는 데서 큰 기쁨"을 발견했다고 적었다. 한편 그에게는 경제적인 목적도 있었던 것 같다. 그는 연구를 통해 얻은 이득을 이렇게 적고 있다. "성별, 출신지, 연령, 종교, 직업, 사회적 지위, 신분 등에 따른 인구 분포 현황을 알게 되었고, 그것을 활용한다면 무역이나 공공 업무를 훨씬 분명하고 질서정연하게 처리할 수 있다는 사실을 알게 되었다. 앞서 말한 사람들의 분포 현황을 잘 알고 있다면 그들이 무엇을 소비할지도 알 수 있을 것이고, 따라서 아예 가망성이 없는 곳에서 새로운 사업을 시작하는 시행착오를 겪지 않을 것이기 때문이다." 동기가 어떻든 그랜트의 작업은 현대적인 통계 표본 만들기와 시장 조사의 효시로 손꼽힌다.

그랜트가 자신이 발견한 사실을 출판하고 30년이 지난 후, 영국의 유명한 천문학자 에드먼드 핼리(Edmund Halley, 핼리 혜성의 바로 그 핼리이다)가 사망률 수치에 관해 그랜트와 비슷하지만 훨씬 더 철저한 분석을 수행했다. 핼리의 데이터는 오늘날 폴란드의 브로츠와프 지역인 독일의 브레슬라우 시에서 수집한 것이다. 핼리의 관심은 순전히 과학적인 것이었다. 그가 입수한 브레슬라우의 데이터는 매우 상세하고 정확했다. 그것은 1687년에서 1691년까지 시에서 매월 수집한 데이터였다. 그리고 핼리는 그 데이터에서 무엇을 끄집어낼 수 있을지 궁금해 했다.

정답을 말하자면, 그는 그 데이터에서 정말로 많은 것들을 끄집어냈다. 핼리의 수학적 분석은 너무나 포괄적이었기 때문에 현명한 보험사업자라면 그의 방법을 수익성 높은 생명보험 사업의 기본 틀로 활용할 수 있었을 것이다. 그러나 당시 보험사업가들은 그 정도로 똑똑하지 못했다. 실제로 보험사가 신뢰할 만한 데이터와 분석을 근거로 보험증권을 팔기 시작한 것은 그로부터 100년이나 더 지난 후의 일이다.

현대의 보험업은 18세기가 끝나갈 무렵에 급격히 발전하기 시작했다. 오늘날 국제적인 유명 보험사로 성장한 런던의 로이드(Lloyd's of

:: 아이러니컬하게도 그 유명한 런던의 로이드 보험사가 끔찍한 사고의 희생양이 되었던 적이 있다. 이 인쇄물은 런던 증권 거래소(Royal Exchange)의 화재를 묘사하고 있다. 로이드 사의 사무실이 입주해 있던 이 건물은 1838년 1월 10일 발생한 화재로 전소되었다.

London) 보험사는 1771년에 당시 79명의 개인 보험사업자들이 합작 사업에 합의하면서 출범했다. 로이드를 새로운 회사명으로 선택한 이유는 그들이 사업장(대개는 해운보험이었다)으로 애용했던 장소가 런던 롬바르드 거리에 있는 에드워드 로이드(Edward Lloyd)의 커피하우스였기 때문이다. 가게 주인이었던 로이드는 원래 그 일에 전혀 관여하지 않았다. 그러던 그가 커피하우스를 열고 5년이 지난 1696년부터 이른바 '로이드 리스트'를 작성하기 시작했다. 그것은 선박의 입출항 내역과 바다 상태 및 출항 조건에 관한 최신 정보를 모아놓은 자료였다. 로이드가 그 일을 한 것은 틀림없이 이전부터 자기 가게에 드나들던 단골 고객들을 계속 붙잡아두기 위해서였을 것이다.

미국 최초의 보험회사는 1752년 벤자민 프랭클린이 설립한 '퍼스트 아메리칸(First American)'이라는 화재보험회사였다. 또 미국 최초의 생명보험증권은 1759년 장로교 성직자 기금(Presbyterian Minister's Fund)이 발행했다. 덧붙이면, '보험증권'이라는 말은 이탈리아어 'polizza'에서 나온 것으로 약속을 의미한다.

위기 관리는 20세기의 중요한 사업 중 하나가 되었다. 투자 자문가인 피터 번스타인(Peter Bernstein)은 저서 《신을 거역한 사람들(Against the Gods)》에서 이렇게 적고 있다. "현대와 과거의 경계를 규정하는 혁명적인 아이디어는 위기의 극복이다. 그것은 미래가 더 이상 신들의 변덕에

좌우되지 않으며 인간은 더 이상 자연 앞에 무력하지 않다는 뜻이다. ……(확률 이론의 선구자들은) 위험을 이해하고 측량해 그 결과를 저울질하는 방법을 세상에 보여줌으로써 위험 감수를 현대 서구 사회를 이끌어가는 최고의 촉매제 중 하나로 탈바꿈시켰다."

오늘날 보험사업가들은 모든 종류의 사태를 보상할 수 있는 보험증권을 내놓고 있다. 사망, 상해, 자동차 사고, 절도, 화재, 홍수, 지진, 토네이도, 허리케인, 집 안 물건의 우연적인 파손, 비행기 수하물 분실 등. 영화배우는 자신의 외모를 보험에 들고, 댄서는 다리에 보험을 들며, 가수는 목소리에 보험을 든다. 심지어 결혼식에서 일이 잘못되는 경우를 보상하는 보험에 가입할 수도 있다.

미국에서는 매년 200만 쌍 이상이 결혼식을 올린다. 그리고 《브라이드(Bride)》지에 따르면 평균 비용이 1만 5,000달러에서 2만 달러 사이라고 한다.

딸 레이첼과 신랑 팀의 결혼식을 준비하는 채드와 애델 스미스 부부는 그 행사에 대한 보험 가입도 결혼식 비용에 넣었다. 짓궂은 날씨, 질병, 제대로 나오지 않은 사진 혹은 그날을 망치거나 아예 결혼식 자체를 올리지 못하는 비상사태가 발생할 경우를 대비하기 위해서였다. 애델은 설명했다. "우리는 인생을 살면서 집, 자동차, 그리고 자녀의 결혼식에 주로 많은 돈을 쓰지요. 나는 결혼식이 나머지 두 가지보다 못할 것이 없다고 생각합니다. 그렇게 많은 돈을 쓸 일이 또 어디 있겠어요? 그런데도 그 일에 보험을 들지 않는다고요? 아마 자동차나 집에 보험을 안 들어도 된다고 생각하는 사람은 별로 없을 겁니다. 그런데 왜 결혼식은 아니겠어요?"

스미스 부부는 캘리포니아 주 마린 카운티에 있는 '파이어맨 펀드(Fireman's Fund)' 보험사를 찾았다. 이 회사는 기업보험과 재산보험 전문이지만, 스포츠 이벤트, 영화 제작과 같은 특이한 것들에 대한 보험 상품

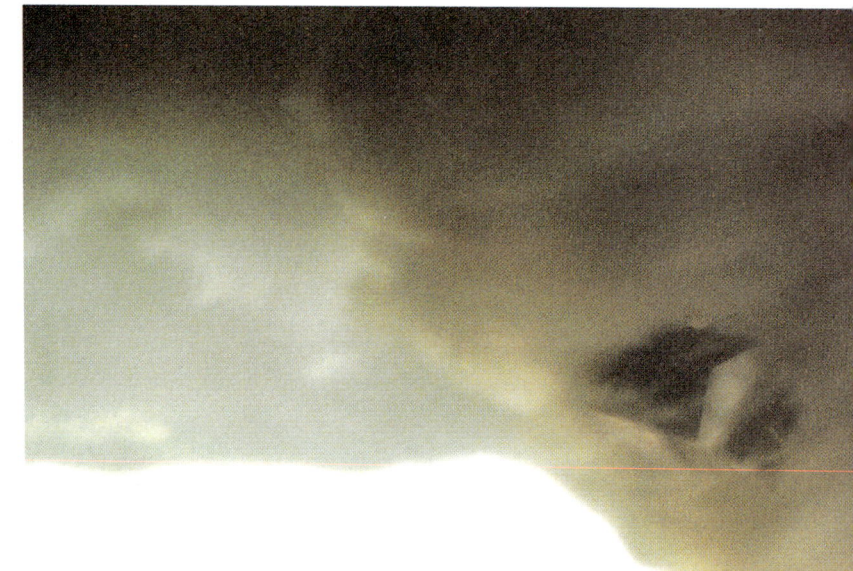

:: 미국 중서부의 많은 가정은 토네이도 보험에 가입한다. 유독 이 지역에서 토네이도가 자주 발생하기 때문이다. 토네이도의 무시무시한 회오리바람을 보여주는 이 그림에서 집 한 채가 회오리 속으로 빨려 들어가고 있다.

판매로도 잘 알려져 있다.

그랜트 스티어(Grant Steer)는 20년간 파이어맨 펀드에서 보험 수학 전문가로 일했다. 그가 설명한다. "보험 수학 전문가는 보험요율을 정하고 우리가 파는 보험증권과 파생 상품의 가격을 어떻게 매길 것인지 결정하는 일을 합니다." 스티어는 이전까지 팔아본 적이 없는 스미스 부부의 자녀 결혼식을 보장하려면 어떤 종류의 보험증권을 발행해야 할지 결정하기 위해 동료 보험 수학 전문가들을 만났다. "대개 보험사마다 자기들이 판 특정 상품이 그간 보장해주었던 손해 유형을 분석한 데이터 내역이 있습니다. 이전까지 발생한 손해 유형에 대한 실질적인 통계를 갖고 있는 것이지요. 그런데 결혼식 보험은 전혀 새로운 보장 상품이었습니다." 스티어가 설명한다.

따라서 회사는 어떤 유형의 손해를 보상할 것이며 어떤 유형의 손해가 발생할 확률이 높은지 판단하기 위해 직접 조사에 착수해야 했다. 마케팅 분석가인 수 림(Sue Lim)은 결혼식에 들어가는 다양한 경비를 조사했다. 결혼 예복에 보험을 들어주어야 하는가? 결혼식 사진은? 결혼식 선물은? 그녀는 결혼 예복 전문점에 들러 대표적인 비용 내역을 확인했

©CORBIS SYGMA

:: 위의 사진은 토네이도가 도시를 막 휩쓸고 지나간 직후의 참상을 보여준다. 맹렬하게 돌아가는 깔때기 모양의 토네이도 폭풍은 그 진로가 무척 변덕스럽다. 보통은 가옥 두세 채를 덮친 다음 몇 집을 건너뛰고 또 다른 여러 채를 파괴한다.

다. 또 결혼식 사진사에게 전화를 걸어, 거기서 요구하는 가격을 확인했다. "사진이 잘못 나오는 경우가 얼마나 되지요?" 이것 역시 그녀가 알고 싶은 것이었다.

스티어는 결혼식 취소 빈도를 예측하고자 동료 보험 수학 전문가에게 자문을 구했다. 그들은 약혼 기간이 오랠수록(즉, 보험 가입 기간이 길수록) 잘못될 가능성이 많아진다는 사실을 알게 되었다. 그것은 약혼 기간이 긴 쌍이 보험사에게는 훨씬 위험도가 높다는 것을 의미한다. 그렇지만 약혼 기간이 짧다고 해서 무작정 보험료를 낮출 수는 없다고 생각했다. 그들은 보험요율을 단순화하기 위해 상이한 사건 발생 빈도의 평균을 내기로 결정했다. 즉, 보험증권당 발생할 수

우리는 미래를 예측하고자 노력하고 있습니다.

그랜트 스티어 | 보험 수학 전문가 |

있는 보험금 청구 건수를 예측한 것이다.

스티어가 말한다. "우리는 통계학적 모델을 마련하고자 합니다. 다시 말해, 사건이 어떻게 전개될지 예측하는 이론이라 할 수 있지요. 우리가 수립한 가정은 일반적으로 100건당 세 번 정도 보험금 청구가 들어오리라는 것입니다. 따라서 우리가 보험금을 지불할 확률은 건당 대략 3퍼센트 정도입니다."

스티어와 그의 동료들은 데이터 입수를 마치자, 이 정도면 충분하다고 생각한 보험증권을 내놓았다. 낮은 위험도 때문에 100달러가 조금 넘는 보험료를 받고, 사고 발생시 수천 달러의 보험금을 지불하는 보험증권을 판매할 수 있게 되었다. 그 보험은 결혼식 취소, 사진, 결혼 예복, 결혼 선물, 그리고 그 밖의 개인적 피해를 보상하는 상품이었다.

스티어는 전체 과정을 이렇게 요약한다. "우리는 보장해주어야 할 다양한 항목의 비용을 최선을 다해 합산했습니다. 이제 우리가 알아야 할 또 다른 측면은 그런 손실이 얼마나 자주 발생하는가 입니다."

수학의 힘을 통해 회사는 결혼식 보험증권을 제공할 수 있다는 자신감을 얻게 되었다. 그들이 판매한 보험증권 중 오로지 3퍼센트에 대해서만 보험금을 지불할 일이 생기는 한 그들은 상당한 수익

:: 면사포 뒤에는 보험의 수학이 제공하는 마음의 평화가 놓여 있다.

을 올리게 될 것이다.

　물론, 특별히 예측하기 어려운 사건도 있다. 그 중에서도 가장 악명 높은 것이 허리케인이나 지진 같은 끔찍한 기상이변이나 자연재해이다. 어떤 보험사는 이런 변덕스러운 대규모 재앙으로부터 회사를 보호하기 위해 재난채권(catastrophe bonds)이라는 고위험 유가증권을 상품으로 내놓는다. 이 상품은 특정 지역의 주민이 해당 기간 동안 폭풍이나 그 밖의 재난으로 입게 될 일정 정도의 피해에다 돈을 거는 극단적인 투자가들에게 팔린다(물론 위험 역시 매우 크다). 이런 투자가들은 결국 날씨를 상대로 돈을 거는 것이다.

　보험사와 투자가들이 재난채권에 잠재해 있는 위험을 평가하는 방법은 그들이 투자하고 있는 재난의 종류를 놓고 수학적 확률을 규명하는 것이다. 분석가들은 모든 유형의 자연재해에 대해 수십 년간의 유용한 자료를 수집해 해당 종류의 폭풍이 발생할 확률을 계산한다. 예를 들면, 분석가들은 보험 청구액이 10억 달러에 달할 정도로 큰 폭풍이 미국의 동부 연안을 강타할 확률은 100년에 한 번 정도라고 산정한다. 따라서 특정한 해에 그 폭풍이 발생할 확률은 100분의 1이다.

　그랜트 스티어는 위험을 보장하는 보험업에 대해 이렇게 평가한다. "세상에 절대적인 진리는 없습니다. 1 또는 2 또는 3이 얼마나 자주 나올지 알려주는 마법의 룰렛 바퀴 같은 것은 존재하지 않습니다. 그래서 우리는 늘 현재 확보하고 있는 정보를 가지고 미래에 대한 평가를 내릴 수밖에 없지요. 그리고 그 데이터는 세상에 대한 상식적인 관점을 통해 끌어모을 수 있는 것들입니다."

　미래 예측은 인류의 오랜 꿈이었다. 고대 신화는 미래를 내다보는 힘을 가진 예언자, 현자, 그리고 점쟁이의 이야기로 가득 차 있다. 오늘날에도 손금, 수정구슬점, 카드점 등이 모두 나름대로 신봉자를 거느리고 있다. 그러나 분명한 사실은 누구도 미래를 정확히 예측할 수 있는 방법

LIFE BY THE NUMBERS

:: 아마 우리가 위험을 계산하고 싶은 가장 격동적인 사건은 초대형 운석의 충돌일 것이다. 애리조나 주 북동쪽에 위치한 지름 1.2킬로미터의 베링거 운석구덩이(Berringer Meteorite Crater)는 대략 5만 년 전 거대한 운석이 지구를 강타했을 때 생겨난 것이다. 과학자들은 그런 거대한 운석이 지구 상에 5만 년에 한 번꼴로 떨어질 것이라고 계산했다. 따라서 몇몇 전문가는 지금쯤 그런 대재앙을 또 한번 겪을 차례가 되었을지도 모른다고 경고한다.

을 모른다는 것이다. 정확하게 말하자면, 아마도 미래를 예측하는 일은 불가능할 것이다. 그러나 수학을 이용함으로써, 즉 확률 이론을 이용함으로써 일어날 법한 일을 가끔은 예측할 수 있고 그 가능성에 특정한 값을 할당할 수도 있다.

   그런 의미에서 수학은 우리에게 미래를 들여다볼 수 있는 눈을 제공한다. 그것은 수학이라는 보이지 않는 우주 덕분에 들여다볼 수 있는 또 다른 감추어진 세계다.

:: 왼쪽 사진은 우주 왕복선 인데버(Endeavour) 호가 촬영한 허리케인 보니(Bonnie)이다. 소용돌이의 중심부에 허리케인의 눈이 선명하게 보인다.

인생의 기회들

Life by the NUMBERS

07

새로운 시대

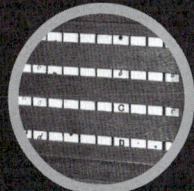

기계의 영혼
좁아지는 세계
데이터 광부
미국의 맥박
변화를 향해 나아가다

> 나는 과학이 정말로 재미있다고 생각합니다. 그것은 마치 모래상자 안에서 노는 것과 같습니다. 우리가 미디어 랩에서 하고 있는 일도 그런 것이지요. 이곳은 엄청난 장난감이 들어 있는 하나의 거대한 모래상자인 셈입니다. 그리고 우리는 그것들을 가지고 무엇이든 할 수 있습니다.
>
> 패티 매스 | 컴퓨터 과학자 |

오늘날 우리가 살고 있는 세계의 많은 측면은 수학의 힘으로 창조되었다. 이 세계는 컴퓨터의 세계이고, 정보 기술의 세계이며, 신속한 원거리 통신의 세계이다. 그렇게 창조된 세계는 수학자들에게 새로운 도전 과제를 내놓고 있다. 그 세계에 감추어진 패턴을 찾음으로써 신세계를 제대로 이해하고 사람들이 그 속에서 잘 살 수 있도록 돕는 것이다.

이런 탐구가 진행되고 있는 곳 중 하나가 MIT의 미디어 랩(Media Lap)이다. 미디어 랩의 과학자들은 자신들이 무엇을 연구하고 있는지 설명하기 위해 가끔 '미래에 대한 탐구'라는 구절을 언급한다. 그 슬로건의 배후에는 계산과 디지털 통신이 점점 더 중대한 역할을 하게 될 우리의 미래에 대한 전망이 놓여 있다. 컴퓨터로 일을 처리하는 세상이 바로 그 연구소의 진정한 관심사이다. 미디어 랩에서 일하는 컴퓨터 과학자 패티 매스(Pattie Maes)는 그 점을 이렇게 설명한다. "우리가 MIT 미디어 랩에서 하려는 주된 작업은 미래를 설계하고 사람들이 그 디지털 미래에서 어떻게 일하고, 놀고, 배우게 될 것인지 밝혀내는 것입니다."

지난 몇 년 동안 매스는 '소프트웨어 에이전트(software agent)' 혹은 '소프트봇(softbot, 소프트웨어 로봇의 줄임말)'이라는 특별한 종류의 컴퓨터 프로그램을 개발해왔다. 매스는 소프트봇을 '디지털 집사'라고 소개한다. 그것은 집사처럼 주인의 명령에 복종하지만 음식이나 의복을 내오는 대신 정보를 가져온다. 소프트웨어 에이전트는 인터넷 세계를 돌아다니며 정보를 찾아 사용자에게 가져오도록 설계되었다.

전세계적인 컴퓨터 네트워크는 1980년대 후반에서 1990년대 초반에 이르는 기간 동안 급성장했고, 1990년대 중반 '월드 와이드 웹(World Wide Web)'의 구축을 통해 절정을 이루었다. 그 결과 누구나 간단한 개인용 컴퓨터를 활용해 사실상의 무한한 정보에 접근이 가능해졌다. 오늘날 인터넷상에서는 간단히 키보드 몇 번만 두드리면 엄청난 양의 정보를 즉각 얻을 수 있기 때문에, 오히려 그 엄청난 정보 중에서 정말로 필요한 정보를 어떻게 찾을 것이냐가 중요한 문제가 되었다. 인터넷은 무궁무진한 정보의 샘을 제공한다는 장점과, 정보 과잉으로 인한 기능 상실의 손해를 동시에 드러내고 있다.

정보 과잉이라는 디지털 시대의 문제점을 해결하는 유일한 방법은 무얼까. 그렇다, 바로 애초에 그런 문제를 야기했던 컴퓨터 테크놀로지가 그 해답이다. 컴퓨터 덕분에 단시간에 엄청난 양의 정보를 생성하고 처리할 수 있게 되었다면, 그 정보를 재빨리 찾아내 선별하는 일 역시 컴퓨터에게 기대할 수 있을 것이다. 최소한 이론상으로는 말이 되는 얘기였다. 매스와 동료들은 이 이론을 실행에 옮기는 작업에 착수했다. 정보의 탐색과 분류 작업을 신속하게 수행할 수 있는 컴퓨터 프로그램의

:: 컴퓨터 칩의 내부를 묘사한 컴퓨터 애니메이션.

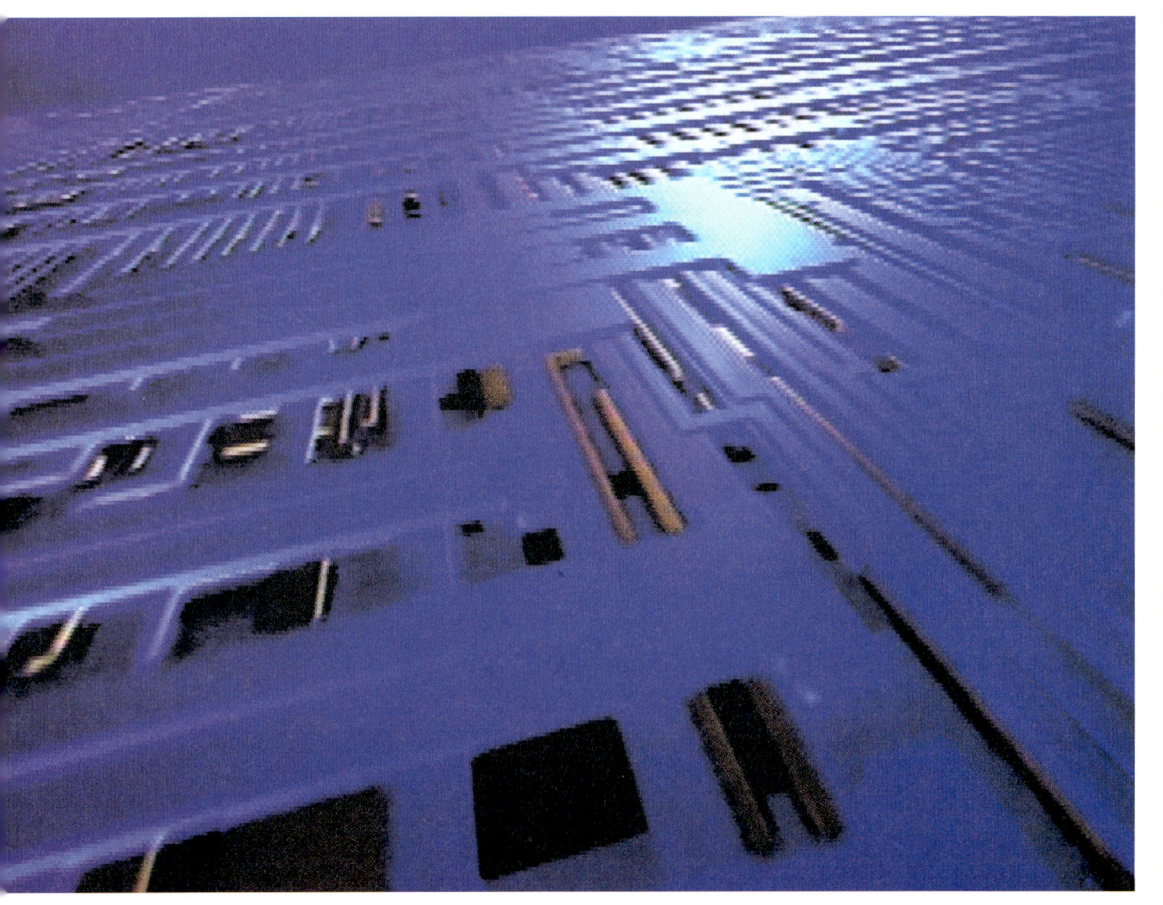

:: MIT 미디어 랩의 연구자들이 자기들이 개발한 '입는 컴퓨터'를 직접 선보이고 있다.

개발에 나선 것이다.

만일 누군가 매스의 소프트봇에게 특정 종류의 음악에 관심이 있다고 알려주면 소프트봇은 그가 좋아할 만한 새로운 노래 목록을 작성해 내놓을 것이다. 특별한 사람을 감동시킬 새로운 저녁 요리법을 찾는가? 소프트웨어 에이전트를 인터넷의 세계로 내보내 비법을 찾아오게 하면 된다. 빅토리아 시대의 소설에 등장하는 완벽한 집사처럼 매스의 소프트봇은 우리의 명령을 충실히 따를 준비가 늘 되어 있고, 또 그럴 만한 충분한 능력을 갖추고 있다.

이런 매스의 연구는 정보의 세계를 우리의 컴퓨터 안으로 가져오는 데 도움을 준다. 한편 그녀의 미디어 랩 동료인 브래들리 로즈(Bradley Rhodes)는 컴퓨터를 세상 속으로 가지고 나가려고 노력하고 있다. 일상적인 활동이 벌어지는 물리적 세계로 말이다. 그의 관심거리는 '입는 컴퓨터(wearable computer)'이다. 작은 가방에 컴퓨터 본체를 넣고 한 손에는 특수 설계한 키보드를 쥔 채 모자 위에 작은 모니터를 탑재하는 방식의 '입는 컴퓨터'는 아마도 처음에는 공장이나 건물 밀집 지구에서 주로 사용할 것이다. 그런 곳에서 일하는 사람들은 이곳저곳을 자유롭게 이동하면서도 항상 컴퓨터 데이터에 손쉽게 접근할 수 있어야 하기 때문이다. 이외에도 입는 컴퓨터가 장차 어떻게 활용될지는 아무도 확신할 수 없다.

로즈는 그 기술의 발전을 위해 입는 컴퓨터가 일상생활의 각종 정보를 사용자에게 한눈에 제공할 수 있도록 설정해놓았다. 춤을 출 때나 쇼핑을 갈 때, 그 밖에 어떤 일을 할 때에도 늘 최신 정보로 갱신되는 시각 기억 패드가 다음 빈 약속이 무엇인지 계속 알려준다. 이를테면, 집에 가는 길에 우유를 사가라고 상기시켜주기도 한다. 사람들이 입는 컴퓨터를 그런 식으로만 사용할지는 확실치 않다. 좀더 그럴듯한 용도는 순찰중인 경찰관에게서 찾을 수 있을 것이다. 로즈는 "우리가 컴퓨터를 가지고 다닐 때야말로 컴퓨터가 진정한 힘을 발휘할 수 있는 순간입니다"고 말한다.

데스크톱 컴퓨터든 입는 컴퓨터든 오늘날의 소프트웨어 에이전트는 '집사'처럼 행동할 수 있다. 그러나 그것이 실제 집사처럼 보이지는 않는다. 사실 그것은 컴퓨터 디스플레이 이상의 존재로는 보이지 않는다. 매스와 동료들은 만일 소프트봇에게 우리와 친해질 수 있는 살아 있는 인격성을 부여할 수만 있다면 사람들이 그들을 다루기가 훨씬 쉬워질 것이라고 생각한다.

매스도 인정한다. "아직까지 컴퓨터는 그렇게 친근한 존재가 아닙니다. 아주 인간적이지는 않지요. 내 컴퓨터는 몇 년 동안이나 사용했는데도 아직 나를 알아보지 못합니다. 그 녀석은 색다른 방

> 수학이 그 도구라는 사실을 깨달았을 때, 갑자기 내 앞에 모든 세계가 열렸습니다. 수학은 내가 원하는 어떤 영역에서도 나를 창조적이고 표현력 있는 사람으로 만들어줍니다.
>
> 패티 매스 | 컴퓨터 과학자 |

∷ '입는 컴퓨터'에 설치된 얼굴 데이터베이스 프로그램을 통해 컴퓨터 스크린으로 보는 브래들리 로즈의 이미지. 이 시스템은 다가오는 사람의 얼굴을 스캐닝 한 뒤, 불과 1초 만에 데이터베이스에 저장되어 있는 8,000개의 얼굴과 대조할 수 있는 능력을 갖고 있다. 대조가 끝나면 가장 유사한 얼굴 40명의 이름 및 기타 신상 정보를 제공한다. 경찰관, 기자, 그리고 시각 장애자 등이 유용하게 사용할 수 있는 시스템이다.

식으로 내게 반응하는 법이 없지요. 그래서 우리는 컴퓨터를 좀더 인간적인 어떤 것으로 만들어보고자 하는 것입니다. 우리가 무엇을 원하든지 좀더 능동적으로 도와줄 수 있는 그런 시스템 말입니다."

매스가 이야기를 계속한다. 특히, "실제로 우리가 사용하는 대부분의 에이전트들은 스크린상에 그 어떤 종류의 물리적 표상도 갖고 있지 않습니다." 이것이 바로 미디어 랩이 'ALIVE(Artificial Life Interactive Video Environment)'라는 프로젝트를 시작한 동기다. 매스는 설명한다. "ALIVE 시스템은 사용자가 실시간으로 상호 교류할 수 있는 3차원 동영상 캐릭터를 만들어내기 위한 시험대입니다. 주로 동물과 같은 단순한 캐릭터를 모델로 작업에 착수한 상태입니다."

브루스 블룸버그(Bruce Blumberg)는 ALIVE 프로젝트에서 일하고 있는 연구자 중 한 명이다. 그는 친근한 강아지처럼 보이고, 또 실제로 그렇게 행동하도록 설계한 소프트웨어 에이전트 '실라스(Silas)'를 창조했다. 연구소 내에서 컴퓨터용 카메라는 블룸버그에 초점을 맞추고, 특히

:: 아래 사진에서 브루스 블룸버그가 ALIVE 스크린 앞에 서서 실라스라는 가상의 강아지와 상호 교류하고 있다. 이 시스템은 마법의 거울에 비유할 만하다. ALIVE 공간의 사용자는 마치 거울을 보는 것처럼 커다란 TV 스크린에 나타난 자신의 이미지를 본다. 그러면 오른쪽 사진에서처럼 컴퓨터에 프로그램된 움직이는 캐릭터가 거울 속의 세계에 있는 사용자의 이미지와 결합한다.

그의 팔다리가 어디에 있는지 대략적인 위치를 포착한다. 스크린상에서 실라스는 실제 개가 주인에게 하듯이 블룸버그의 동작에 반응하게끔 프로그램되어 있다. 실라스는 블룸버그의 명령에 응하고 그의 움직임에 반응하며 주위를 돌아다닌다.

로즈의 입은 컴퓨터 실험과 마찬가지로, 우리가 과연 실제 개처럼 행동하는 소프트웨어 에이전트를 소유하게 될지는 분명치 않다. 이 연구의 요점은 사람들이 컴퓨터와 어떻게 상호 교류하는지 연구하고, 사용하기 더 쉬운 컴퓨터를 만드는 방법을 찾아내는 것이다. 그것은 미래를 설계한다는 것이 어떤 모습일지 살짝 보여준다. 매스가 말하는 것처럼, 미디어 랩에 들어가는 것은 모래상자 속으로 들어가는 것과 같다.

그런데 모래상자에 들어가려면 입장권이 필요하다. 바로 수학이다. 매스는 덧붙인다. "이 모든 일을 가능하게 만든 요인 중 하나는 여기에서 일하는 사람 대부분이 수학적인 배경을 갖고 있다는 것입니다. 그렇다고 반드시 복잡한 수학일 필요는 없습니다. 우리는 정말로 재미나는 일을 하기 위해 수학을 활용하고 있습니다."

블룸버그가 매스의 얘기를 거든다. "랩에서 보는 모든 것은 컴퓨터에 기반을 두고 있습니다. 따라서 궁극적으로는 수학에 의존하고 있는 셈이죠. 수학이 없었다면 컴퓨터를 가질 수 없었을 테니까요."

:: 조지 불.

기계의 영혼

컴퓨터의 배후에 놓여 있는 수학은 19세기 중반 영국의 수학자 조지 불(George Boole)에 의해 발전했다. 1854년에 불은 《사고의 법칙(The Laws of Though)》이라는 책에서 자신의 새로운 수학을 선보였다. 이 책은 지금까지도 여러 사람에게 읽히고 있다.

:: 제번스의 논리 기계는 작은 자판이 있고, 본체 안에는 도르래와 레버가 들어 있다. 각각의 키에 문자나 기호가 새겨져 있으며, 그 각각의 키는 특정한 유형의 논리적 진술을 표현한다. 오른쪽 키를 누르면 명제, 즉 '문제'가 기계에 입력된다. 그러면 그에 대한 반응으로 다른 조합의 문자와 기호가 본체 전면에 나타남으로써 문제의 답에 해당하는 사고 패턴을 내놓는다.

불은 이 책에서 대수를 어떻게 인간의 마음에 적용할 것인지 보여주었다. 불 이전에는 대수에 사용하는 문자(즉, 미지수) x, y, z 등은 보통 숫자를 가리켰다. 불의 새로운 대수에서는 문자가 명제, 즉 인간의 사고를 가리킨다. 일상적인 대수를 이용해 방정식을 풀 때 그 답은 숫자로 나온다. 그러나 불의 대수로 방정식을 풀 때는 답이 또 다른 명제, 즉 인간의 논증 과정에서 도출된 논리적 결론이 된다. 불이 개척한 이 수학 분야를 '불 대수(Boolean algebra)'라고 한다.

대수를 숫자가 아니라 인간의 사고에 적용한다는 것이 처음에는 어리둥절할지 모르지만, 수학적으로 볼 때 그 아이디어는 꽤 단순명료하다.

대수를 가장 단순하게 생각하는 방법은 대상들을 한데 합치는 학문으로 보는 것이다. 그것은 레고 블록을 가지고 노는 것과 약간 비슷하다. 레고 블록을 쌓을 때 블록을 합치기 위해서는 반드시 특정한 규칙이 존재한다. 이를테면, 그 규칙을 레고 대수라고 부를 수 있을 것이다.

숫자로 된 일반적인 대수는 숫자를 합쳐 새로운 숫자를 형성하는 방법에 주목한다. 그 수를 더할 수 있고 곱할 수도 있고 뺄 수도 있다. 대수는 숫자로 이런 연산을 수행하는 규칙을 연구한다. 예를 들어, 두 수를 더할 때 둘 중에 어느 숫자를 먼저 쓰느냐는 중요하지 않다는 것도 하나의 규칙이다. 어차피 답은 똑같기 때문이다. 이런 규칙을 정확하게 기술하기 위해 x, y, z 등의 문자를 사용해 임의의 숫자(즉 임의의 레고 블록)를 표현해야 한다. 대부분의 사람들이 대수를 생각할 때 기호 조작의 규칙을 떠올리는 것도 이 때문이다.

19세기 들어 수학자들은 숫자 말고 다른 대상을 다룰 수 있는 대수를 발전시킬 수 있다는 사실을 깨달았다. 특히 불은 인간의 사고를 합쳐서 새로운 사고를 내놓을 수 있는 대수를 개발했다. 불은 산수를 모델로 삼아 세 가지 사고 결합 방식에만 주의를 집중했다. 그것은 각각 덧셈, 곱셈, 부정하기라는 산수의 연산에 해당하는 것이었다.

우선, 'or'라는 단어를 사용해 두 개의 사고를 합쳐 하나의 새로운 사고를 형성할 수 있다. 예를 들면, "오늘 비가 올 것이다"는 사고와 "오늘 눈이 올 것이다"는 사고를 'or'로 결합하면 "오늘 비가 오거나 눈이 올 것이다"는 새로운 사고를 산출하게 된다. 또한 두 개의 사고를 'and'로 결합할 수도 있다. 예를 들면, "앨리스는 피자를 먹을 것이다"는 사고와 "빌은 햄버거를 먹을 것이다"는 사고를 'and'로 결합하면 "앨리스는 피자를 먹고 빌은 햄버거를 먹을 것이다"는 새로운 사고를 산출하게 된다. 마지막으로, 어떤 사고도 부정할 수 있다. 예를 들면, "나는 비행기로 갈 것이다"는 사고를 부정하면 "나는 비행기로 가지 않을 것이다"는 사고를 산출하게 된다. 더하기, 곱하기, 빼기 등 일반적인 대수의 방식으로 방정식을 적고 풀 수 있는 것처럼, 불의 대수에서는 'or', 'and', 그리고 'not'을 이용해 방정식을 쓰고 풀 수 있다.

불의 시대에는 산수를 계산하는 기계를 만들 수 있었다. 따라서 불의 계산을 수행할 수 있는 기계를 만드는 것도 틀림없이 가능한 일이었다. 이 기계는 논리적 추론을 수행하는 일종의 '논리 기계'가 될 것이다. 첫 번째 기계식 추론 장치는 불과 동시대의 인물인 영국의 윌리엄 제번스(William Jevons)가 설계하고 제작했다. 놀랄 일도 아니지만 제번스의 논리 기계는 당시의 계산기, 이른바 기계식 현금 등록기와 매우 흡사했다.

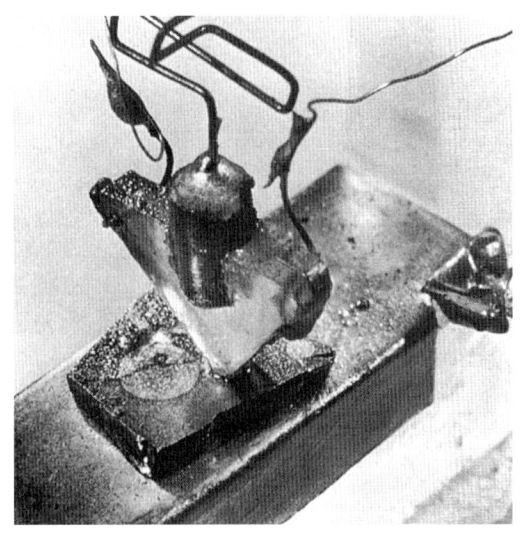

:: 1947년 벨 연구소의 발명가들이 조립한 최초의 트랜지스터. 트랜지스터는 전자 산업의 혁명을 불러일으켰고, 마이크로 프로세서 탄생의 디딤돌이 되었다.

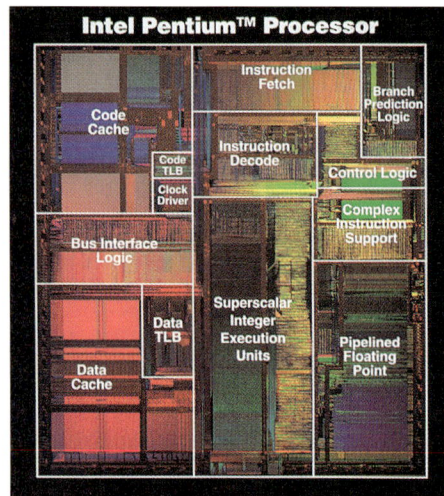

:: 펜티엄 프로세서 칩의 내부 지도는 컴퓨터 전자 공학의 발전상을 여실히 보여준다.

제번스의 기계식 추론 장치는 논리 기계를 만드는 것이 이론상 가능하다는 사실을 보여주었다. 그러나 정말로 쓸모 있는 기계의 제작은 1940년대가 되어서야 가능했다. 그것이 바로 오늘날 우리가 컴퓨터라고 부르는 기계다.

현대식 컴퓨터의 기본 구성 요소는 or, and, not 등과 같은 불의 연산자와 동일한 방식으로 기능하는 '논리 게이트(logic gate)'라는 전자 개폐기이다. 그것을 각각 'or 게이트', 'and 게이트', 'not 게이트'라고 한다. 아주 정직하게 말하자면, 공학적인 고려 때문에 대부분의 현대식 컴퓨터 내부의 게이트는 이런 형식을 철저히 갖추고 있지 않다. 그러나 기본 아이디어는 본질적으로 동일하다. 그리고 초창기 컴퓨터는 정확히 여기에서 설명한 접근 방식을 사용했다.

'or 게이트'의 경우, 두 개의 입력선(오늘날에는 실리콘 칩 안에 두 개의 입력 채널이 들어 있다)과 하나의 출력선(혹은 출력 채널)으로 되어 있다. 두 개의 입력 채널 각각의 입력 신호는 그 채널이 표현하는 사고가 '참'임을 의미한다. 'or 게이트'는 최소한 두 개 중 하나의 입력 채널이 입력 신호를 받으면 출력 신호를 내보내는 방식으로 작동한다. 이것은 입력 채널로 들어오는 두 사고의 'or' 결합이 참일 경우에만 출력 채널에서 신호를 방출한다는 것을 의미한다.

'and 게이트' 역시 비슷하다. 다만 정확히 두 개의 입력 채널로 동시에 입력 신호가 들어올 때에만 출력 신호를 방출한다는 것이 다르다. 'not 게이트'의 경우에는 입력 채널과 출력 채널이 각각 하나씩만 있으며, 입력 신호가 들어오지 않을 경우에만 출력 신호를 방출하는 방식이다.

많은 수의 논리 게이트를 올바른 방식으로 결합시킴으로써 폭넓고 다양한 추론 작업을 수행할 수 있는 컴퓨터를 만들 수 있다. 엔지니어들

:: 케이스에 들어 있는 실제 펜티엄 프로세서 칩.

은 게이트의 결합 방식을 어떻게 알게 되었을까? 불의 수학은 추론의 기본적인 패턴을 제공함으로써 그 방법을 알려준 셈이다. 컴퓨터 회로를 통해 게이트에서 게이트로 전기 신호가 흐르는 방식은 불이 발견한 대수의 규칙을 따른다. 이것은 사고의 규칙이기 때문에, 어떤 의미에서는 컴퓨터도 '생각'을 하는 것이다.

미디어 랩의 컴퓨터 과학자 브루스 블룸버그가 "수학이 없었다면 컴퓨터를 가질 수 없었을 것"이라고 말한 것은 위에서 설명한 역사적 발전과 기술적인 아이디어를 염두에 둔 것이었다. 수학, 특히 사고에 관한 불의 대수는 모든 컴퓨터의 영혼이다.

오늘날 컴퓨터는 단지 우리의 책상 위에만 존재하는 것이 아니다. 그것은 도처에서 발견된다. 컴퓨터는 텔레비전과 오디오에 숨어 있으며, 자동차와 손목시계, 전자레인지나 다른 가전제품에도 도사리고 있다. 컴퓨터는 우리의 전화 통화를 연결시켜준다. 컴퓨터는 출장이나 휴가를 떠나면서 항공권이나 호텔 객실을 예약할 때도 사용된다. 컴퓨터는 현대식 여객기를 조종하는 일과 관련된 수많은 업무를 수행한다. 또 극장에서 보는 많은 영상들이 컴퓨터상에서 만들어지고 있다. 〈수학으로 이루어진 세상〉이라는 텔레비전 시리즈는 통째로 컴퓨터상에서 편집한

:: 오늘날 컴퓨터는 정말로 세상 곳곳에 존재한다. 이 운동화에는 센서가 부착되어 있어 운동화가 지면에 닿을 때 가해지는 다양한 충격의 양을 측정한다. 센서는 러너의 '입는 컴퓨터'로 정보를 전송해 현재의 속력을 측정할 수 있게 한다. 그래서 멀리 떨어져 따로 달리는 동료와도 보조를 맞출 수 있다.

> 지식 기반 경제 시대로 진입하면서 우리 문화를 형성해가는 수학의 가치는 점점 더 커질 것입니다.
>
> 케빈 켈리 | 작가 겸 출판인 |

작품이다. 이 책은 한 대의 컴퓨터로 썼고 또 다른 컴퓨터로 조판했다.

우리는 실제로 수학적인 우주에서 살고 있다. 작가이자 월간 《와이어드(Wired)》지의 출판인인 케빈 켈리(Kevin Kelly)는 그 점에 대해 이렇게 말한다. "사람들은 수학이 자신들과 아무런 관계가 없다고 믿는 것 같습니다. 그것은 수학이 자신의 모습을 감추고 있으면서도 우리 삶의 절대적인 존재로 자리매김하는 데 성공했기 때문입니다. 지식 기반의 세계, 기호에 기반을 둔 세계가 도래하면서 우리 문화를 형성해가는 수학의 가치는 점점 더 커질 것입니다. 그럴수록 수학은 점점 더 보이지 않게 되겠지만 말입니다."

좁아지는 세계

케빈 켈리와 같은 텔레커뮤니케이션 엔지니어인 빌 매시(Bill Massey)는 우리가 살고 있는 세계가 수학으로 창조된 세계라고 생각한다. 매시는 뉴저지의 AT&T 주통제실에서 급격하게 줄어들고 있는 세계를 조망하는 특권을 누리고 있다. 우리를 한데 묶어주는 전화망의 급속한 성장으로 세계는 점점 더 작아지고 있다.

수학은 텔레커뮤니케이션의 도처에 숨어 있다. 수화기를 들어 친구에게 전화를 거는 순간 우리는 수학의 세계에 발을 들여놓는 것이다. 그러나 그것이 통화 요금 계산 시스템 때문은 아니다. 통신 시스템에 수학을 사용하는 방법을 생각해보라고 하면 사람들은 흔히 그런 것을 떠올리겠지만, 전화 요금 계산과 관련된 수학은 극히 미미하다. 그것은 단지 전화가 연결된 시간과

:: 1876년 3월 10일, 아래의 장치에 대고 무언가 얘기함으로써 역사상 최초의 전화 통화가 이루어졌다. 그 역사적인 말은 "윌슨 씨, 이리 오세요. 당신이 필요합니다"였다. 이 말은 알렉산더 그레이엄 벨(Alexander Graham Bell)이 전송 기구에 들어가는 산성 물질을 옷에 조금 흘리고 난 직후에 다급히 내뱉은 말이었다. 오른쪽은 수신기.

:: 처음 전화 전송이 이루어지고 거의 20년이 지난 후인 1892년, 알렉산더 그레이엄 벨이 사상 최초로 뉴욕-시카고 간 전화를 걸고 있다.

거리를 기록하고 그에 따라 요금을 매기면 되는 것이다. 그 정도는 단순한 산수 계산이 전부이다. 진정한 수학은 그 시스템의 다른 곳에 있다.

우리가 진정한 수학을 발견하는 장소는 전화의 연결 경로를 어떻게 선정할 것인지 결정하는 소프트웨어 속이다. 방대한 네트워크 속에서 전화 시스템은 어떤 경로를 선택해야 하는가? 오늘날의 전화 시스템에서 그 결정은 네트워크의 각 부분에 현재 걸려 있는 통화량을 고려해 내려진다. 그래서 전체적인 부담이 전체 네트워크를 통해 가능하면 골고루 퍼지게 만든다. 최선의 경로를 발견하는 것은 중대한 과제다. 사실, 최선의 경로를 찾는 절대적인 방법은 아직까지 알려져 있지 않다. 너무나 많은 가능성이 있기 때문에 아무리 강력한 컴퓨터라 해도 모든 경로를 전부 비교할 수는 없기 때문이다.

도대체 얼마나 많은 경로가 존재할 수 있는지 생각해보기 위해 일단

12개의 도시가 있다고 가정해보라. 그리고 각 도시가 도로망을 통해 서로서로 연결되어 있다고 생각하라. 12개 도시 모두를 정확하게 한 번씩만 들른다고 할 때 도시 전체를 순회하는 방법은 총 몇 가지나 될까? 그 답은 실로 경이적이다. 무려 4억 7,900만 1,600가지나 되기 때문이다. 그렇다, 단 12개 도시를 여행하는 방법만 해도 거의 5억 가지에 가깝다. 그 중에서 가장 효율적인 여행길을 찾을 수 있겠는가, 즉 최소의 시간으로 여행할 수 있는 방법 말이다.

이제 도시 하나를 더해서 총 13개 도시를 만들어보자. 이제는 얼마나 많은 순회 방법이 존재할까? 그 답은 62억 2,702만 800가지다. 즉 60억 가지가 넘는다. 도시 수를 14로 하면 1조 3,000억 가지의 순회 방법이 존재한다.

그렇다면 수천 개의 연결점(위의 예에 비유하자면 도시들이다)을 가진 전화망(위의 예에 비유하자면 도로망이다)을 통해 통화를 연결할 수 있는 가장 효율적인 경로를 찾는다고 상상해보라.

가능한 경로 자체가 천문학적인 숫자일 뿐 아니라 가장 효율적인 경로를 찾는 결정적인 방법이 알려져 있지 않다는 사실 때문에 오늘날의 전화 시스템은 단지 그럭저럭 수용할 만한 좋은 경로를 찾는 데 주력하고 있다. 방대한 가능성 때문에 그 정도의 목적을 달성하는 데도 매우 정교한 수학이 필요하며, 수학은 그 방법을 개선하기 위해 지속적으로 노력하고 있는 중이다. 현재 사용하는 모든 방법에는 지난 50년 사이에 빌진한 고등 수학이 필요했다. 알려져 있는 최선의 방법 중 하나는 수천 개의 차원을 가진 공간의 기하학에서 아이디어를 빌린 것이다. 그 방법은 통화 연결을 위한 경로를 선택하는 데 채 1초가 걸리지 않을 정도로 효율적이다.

전화 네트워크 안에서 효율적인 경로를 찾는 일은 전화 시스템의 운용에 개입한 수많은 수학 문제 중 하나일 뿐이다. 실은 애초에 네트워크를 설계할 때도 수학의 힘이 필요하다. 빌 매시가 활약하는 곳도 바로 거기이다.

매시는 '대기행렬 이론(queuing theory)'이라는 수학 분야를 연구한다. '대기행렬(queue)'이란 말 그대로 '기다리는 줄'을 가리키는 말이다. 대기행렬 이론은 교통 체증 때문에 죽 늘어선 차량들의 대기행렬, 버스를 기다리는 사람들의 대기행렬, 생산 라인, 전선을 따라 이동하는 전류의 흐름 등, 이른바 '기다리는 줄'이 형성될 때 발생하는 패턴을 연구한다. 고속도로에서는 차량이 막힘없이 잘 소통되다가 어느 한 순간 모든 차량의 속도가 줄어들면서 한데 엉키는 상황이 반복적으로 일어난다. 문제는 속도를 감소시킬 만한 물리적인 장애물이 전혀 없어 보이는 상황에서도 그런 현상이 벌어진다는 데 있다. 대기행렬 이론은 고속도로에서 흔히 볼 수 있는 이런 신기한 현상을 설명해줄 수 있다.

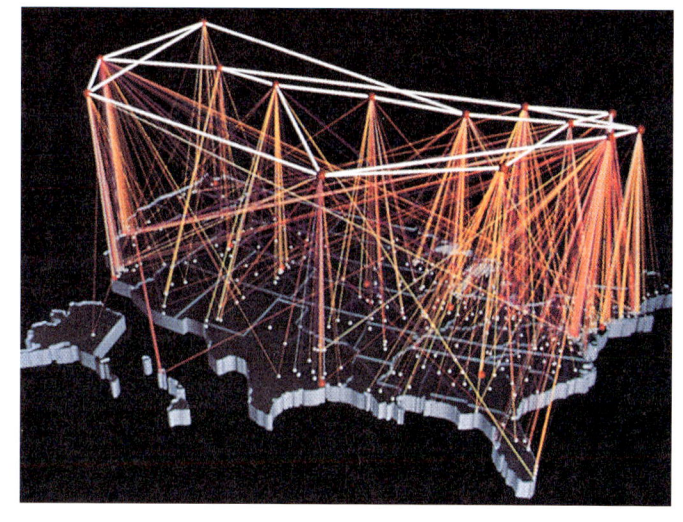

:: 미국의 주요 전화 연결망.

대기행렬 이론은 여러 영역에 응용되고 있지만 원래 텔레커뮤니케이션 산업의 문제를 이해하기 위해 개발되었다. 빌 매시가 관심을 두고 있는 응용 분야도 그곳이다. 그는 빠른 통화 연결을 보장하기 위해 대기행렬 이론을 이용한다.

미국에서는 매일 2억 통 이상의 전화를 건다. 각 통화는 3초 이내에 연결된다. 전화 교환수가 직접 연결해주던 전화 시스템 도입 초창기에는 통화 연결에 걸리는 시간이 훨씬 더 길었다. 오늘날 그때보다 속도가 빨라진 것은 이른바 자동화 덕분이라고 말할 수 있다. 그러나 그것으로 얘기가 다 끝난 것이 아니다. 자동화로 인해 전화 네트워크의 규모 역시 엄청나게 커졌기 때문이다. 이럴 때 네트워크가 만성적인 과부하에 걸리지 않도록 구원해준 것이 바로 대기행렬 이론이었다.

매시 같은 통신 엔지니어는 대기행렬 이론을 이용해 통화의 신속한 연결을 보장하려면 얼마나 많은 중계선(지역 교환국 간의 주연결망)이 필요한지 규명한다. 중계선이 턱없이 부족하면 통화량이 많을 때 전화 연결이 지연되는 경우가 발생한다. 그렇다고 중계선을 무작정 많이 늘린다면 그 시스템은 비효율적인 것이 된다. 이런 문제를 제대로 처리하려면 어느 정도 정교한 수학 이론이 필요하다. 매시는 이렇게 말한다. "개별적인 대상을 더 많이 연결하려면, 시스템에 더 많은 조정 능력이 필요합니다. 그래야 시스템이 제대로 돌아갈 테니까요. 그런 측면에서 과학, 테크놀로지, 그리고 궁극적으로 수학이 매우 중요한 역할을 하는 것입니다."

데이터 광부

네이트 딘(Nate Dean)은 당수 유단자에다 예리한 사진작가이며, 또한 수학자 겸 탐험가이기도 하다. 하지만 그는 신종 탐험가이다. 탐험가 딘이 탐사하는 미지의 영역은 데이터의 세계다. 그는 산더미처럼 쌓인 데이터 안에 감추어진 패턴을 찾는다. 그는 이른바 데이터 광부(data miner)로 알려져 있다.

"사람들은 슈퍼마켓, 은행, 회사, 학교, 도서관, 모든 종류의 산업체 등 많은 장소에 데이터를 저장해둡니다. 이런 조직은 사람이나 사건에 대한 정보를 수집하지요. 우리는 '데이터 채굴(data mining)'을 통해 핵심적인 세부 사항이나 정보를 뽑아내고자 합니다."

네이트 딘이 정보를 캐낼 때 사용하는 수학의 분야를 그래프 이론(graph theory)이라고 한다. 그런데 이 이름은 오해를 불러일으킬 여지가 있다.

> 사람들은 수학이 죽지 않았다는 사실을 모르는 것 같습니다. 수학에는 아직 풀리지 않은 문제가 많습니다. 그리고 세계에 대해 모르는 것도 아주 많습니다. 그런 것들을 알 수 있는 유일한 방법은 수학의 적용뿐이라고 생각합니다.
>
> 네이트 딘 | 데이터 광부 |

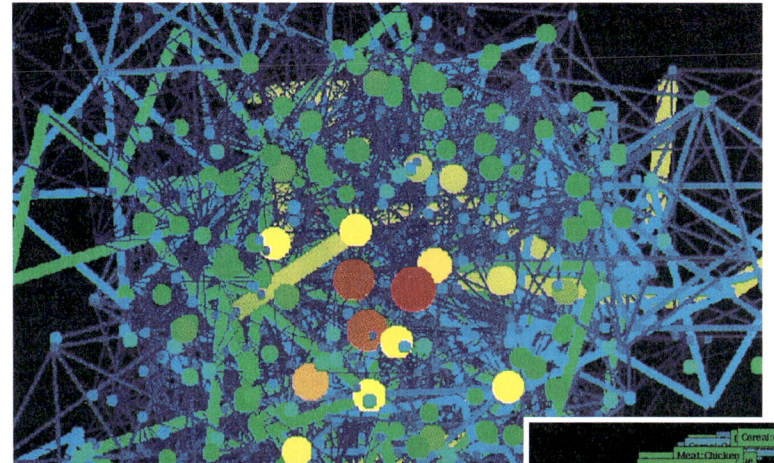

:: 왼쪽은 네이트 딘이 물건 구매에 대한 모든 데이터를 컴퓨터에 입력해 창조한 이미지다. 중앙의 붉은 점은 다른 점들과 가장 많이 연결되어 있는 품목인 바나나를 가리킨다.

:: 위의 바뀐 그래프는 물건을 품목에 따라 다시 배치한 것이다. 이것은 제품 구매 내역에서 바나나의 중심적인 위치를 훨씬 더 분명하게 보여 준다.

대부분의 사람들이 친숙하게 생각하는 그래프는 x와 y의 데이터로 만든 도면이다. 그러나 수학자들은 다른 종류의 그래프도 다룬다. 그래프 이론의 관심도 바로 그 다른 종류의 그래프이다. 딘에게 그래프라는 단어는 종이 한 장 (혹은 컴퓨터 스크린)에 모아놓은 점들을 뜻한다. 그리고 그 점들 중 일부는 선으로 연결된다. 그 점을 그래프의 '노드(node)'라 하고 점들을 연결하는 선을 '변(edge)'이라 한다. 이런 종류의 그래프를 '네트워크'라고도 부른다.

딘은 AT&T 벨연구소의 기술요원이다. 그의 연구 내용은 대부분 기밀이며, 주로 전화 사기꾼과 절도범을 추적하는 일과 관련이 있다. 그렇지만 그는 식품점 영수증 같은 평범한 것들을 가지고도 데이터 채굴에 있어서 그래프 이론의 능력을 보여줄 수 있다.

딘은 영수증 더미를 가져다가 한 사람이 특정 기간 동안 구매한 각각의 품목을 컴퓨터에 입력한다. 각 품목은 컴퓨터 스크린에 점으로 나타난다. 그 점은 딘이 컴퓨터에 그리는 그래프의 노드가 된다. 그는 같은

새로운 시대 | 219

날 구매한 품목들의 노드를 선(그래프의 변)으로 연결한다. 예를 들어 비누·세제·감자를 같은 날 구매했다면, 그 세 가지 품목을 나타내는 노드들은 변으로 연결될 것이다.

이렇게 그린 그래프는 꽤나 복잡하게 보일 것이다. 그는 이 그래프의 의미를 제대로 파악하기 위해 그래프에 변화를 준다. 어떤 노드는 중앙으로, 또 어떤 노드는 주변부로 옮기는 것이다. 그 이유는 최근에 가장 자주 구매한 품목이 무엇인지 알아내기 위해서이다. 그 결과로 생겨난 그래프는 다른 품목과 거의 모두 연결되어 있는 하나의 특별한 품목이 있었음을 알려준다. 바로 바나나이다. 이 소비자는 상점에 들를 때마다 거의 매번 바나나를 구입했다. 딘은 특정한 하나의 구매 패턴을 발견한 것이다.

딘이 말한다. "지금도 틀림없이 데이터의 대량 채굴이 진행중일 겁니다. 모든 사람이 그 일에 뛰어들고 있는 것 같습니다. 정말 열기가 뜨겁습니다. 사람들은 데이터를 올바른 방법으로 들여다보면 동일한 패턴이 드러난다는 사실을 알게 될 것입니다. 물론 이 패턴들이 모든 것을 설명해주지는 않겠지요. 하지만 왜 사람들이 그런 식으로 물건을 사는지 조금은 이해하기 시작했습니다. 인간의 행동과 우리 자신에 관해 무언가를 이해하기 시작한 거죠."

미국의 맥박

네이트 딘은 데이터 안에 감추어진 패턴을 찾기 위해 그래프 이론을 이용한다. 워커 스미스(Walker Smith) 역시 데이터 안의 패턴을 찾는다. 그러나 그가 이용하는 수학은 통계학이다. 시장 전략 조사 업체인 '얀켈로비치 조합(Yankelovich Partners)'의 동업자 스미스는 수학을 이용해 미국의 맥박을 확고하게 짚어가고 있다.

스미스가 설명한다. "우리는 물건이나 서비스를 파는 회사와 함께 일합니다. 소비자의 가치관과 구매 동기를 이해할 수 있도록 도와주는 것이지요. 우리는 먼저 조사연구(survey research)를 실시합니다. 옛날식으로 말하자면, 한마디로 소비자와 인터뷰를 하는 것이지요."

여기에서 현대 통계학의 위력이 드러난다. 스미스와 그의 동료들은 세심하게 선정한 소비자 1,000명에게 엄청난 주의를 기울여 작성한 질문들을 던짐으로써 2억 4,000만 미국인의 행동을 놀라울 정도로 정확하게 예측해낸다. 보통은 기껏해야 1~2퍼센트 정도의 오차밖에 생기지 않는다.

얀켈로비치 조합은 50년이 넘는 세월 동안 미국인의 꿈을 추적하기 위해 통계학적 수학을 이용해왔다. 그리고 미국의 새로운 트렌드를 늘 가장 먼저 파악하곤 했다. 예를 들면 이런 것들이다.

> 미국인의 꿈이 무엇인지 이해할 수 있는 진정한 도구와 능력을 제공하고, 그 꿈을 오랜 세월에 걸쳐 추적할 수 있게 해주었던 것은 바로 수학이었습니다. 그리고 앞으로도 수학의 힘을 통해 미국인의 꿈을 계속 추적할 수 있을 겁니다.
>
> 워커 스미스 | 시장 조사자 |

- 1960년대에는 대학 교육을 받은 젊은이 중 43퍼센트가 성적인 자유를 '매우 중요한 가치'라고 주장했다. 그리고 그것이 트렌드가 되었다.
- 1970년대에는 미국인의 42퍼센트가 집에서 먹을 수 있는 새로운 먹을거리를 적극적으로 찾고 있었다. 그리고 그것이 트렌드가 되었다.
- 1980년대에는 미국인의 24퍼센트가 성공의 척도는 유일하게 돈이라고 믿었다. 그리고 그것이 트렌트가 되었다.
- 오늘날 미국인의 71퍼센트가 인생이 너무 복잡해져가고 있다고 생각하며, 74퍼센트는 당혹스러울 정도로 기술이 발전해 어떤 상표의 제품을 사야 할지 잘 모르겠다고 생각한다. 그리고 그것이 트렌드가 되어가고 있다.

모든 인터뷰 데이터를 취합해 컴퓨터에 입력하면, 데이터는 죽 늘어선 숫자들로 전환된다. 그리고 컴퓨터는 그 숫자들로 작업을 시작한다. 그러나 스미스가 얘기하는 것처럼, 숫자들은 단지 최종적인 답을 얻기 위한 하나의 수단일 뿐이다. "우리가 수집한 데이터는 숫자들의 묶음 이상입니다. 그 숫자들은 사람들이 실제로 내놓은 의견들이죠." 예를 들면 이렇다.

- 의견 : 미국인의 80퍼센트가 삶을 단순화하는 방법을 찾고 있다.
- 의견 : 새로운 스타일을 좇아야 할 필요성을 느끼는 미국인은 40퍼센트가 채 되지 않는다.
- 의견 : 자기의 성공을 다른 사람에게 알리기 위해 유명 상품을 구매하는 미국인은 20퍼센트가 채 되지 않는다.

스미스가 말한다. "과거엔 성공과 성취의 최고 상징은 휴가 여행을 떠나는 것이었죠. 오늘날은 자신의 삶에 만족하고 스스로를 통제할 줄 아는 것입니다."

- 자신의 삶에 만족하는 미국인의 숫자 : 79퍼센트이고 계속 증가하고 있다.
- 자신의 삶을 통제하고 있는 미국인의 숫자 : 78퍼센트이고 계속 증가하고 있다.
- 만족스러운 결혼 생활을 하고 있는 미국인의 숫자 : 77퍼센트이고 계속 증가하고 있다.

스미스가 다시 말한다. "우리는 미국인의 꿈이 매우 급격하게 변화하는 모습을 보아왔습니다. 미래에는 또 다시 많은 것들이 바뀔 것입니다. 미국인의 꿈이 무엇인지 이해할 수 있는 진정한 도구와 능력을 제공하고, 그 꿈을 오랜 세월에 걸쳐 추적할 수 있게 해준 것은 수학이었습니다. 그리고 앞으로도 수학의 힘을 통해 미국인의 꿈을 계속 추적할 수 있을 겁니다."

변화를 향해 나아가다

그레시엘라 치칠니스키(Graciela Chichilnisky) 역시 트렌드의 변화에 흥미를 갖고 있다. 워커 스미스가 미국 사회 내부의 변화를 추적한다면, 치칠니스키는 세계 경제를 주목한다. 세계적인 경제학자인 그녀는 세계 경제 흐름의 변천을 연구해 장차 미래에는 어떤 일이 일어날 것인지 예측하고자 한다. 그녀의 분석에 따르면 현재 세계 경제는 매우 난해한 방식으로 진화하고 있는 중이다.

그녀가 말한다. "우리는 중대한 경제적 변화에 직면하고 있습니다. 세계 경제는 이제 막 공중제비를 돌려고 합니다. 이런 상황에서 우리는 물건을 생산하는 방식, 유통시키는 방식, 일하는 방식, 세상을 바라보는 방식을 바꿔가고 있습니다. 새로운 변화의 물결을 마주한 것입니다."

치칠니스키는 우리가 인간 역사에서 제4기의 시대로 진입하고 있다고 생각한다. 제1기에 인간은 육체적인 힘과 먹이를 찾는 능력에 의존해 수렵과 채집을 했다. 제2기에는 농부가 되고 땅에 의존했다. 제3기는 산업화 시대였다. 그 시대에 사람들은 화석연료와 기계에 의존했다.

치칠니스키는 인간 사회가 이제 제4기에 진입하고 있다고 판단한다. "기존의 산업화 사회는 이제 색다른 유형의 사회로 바뀌어가고 있습니다. 이 사회를 나는 '지식 사회'라고 부릅니다. 그리고 우리가 지금 겪고 있는 일대 전환을 지식 혁명이라고 부릅니다."

∷ 이 자동차 조립 라인은 전적으로 로봇과 같은 기계류에 의해 돌아간다. 로봇은 산업 생산의 많은 영역에서 인간 노동자를 대체하고 있다.

치칠니스키가 이런 변화를 추진하는 주연료로 무엇을 염두에 두고 있는지 알게 되면 많은 사람들은 아마 깜짝 놀랄 것이다. 그녀가 제안한다. "수학이 새로운 자원입니다. 수학이야말로 이 시스템을 이끌어가는 핵심 에너지입니다. 과거 산업화 사회에서 화석연료가 떠맡았던 역할을 오늘날의 사회에서는 수학이 떠맡고 있습니다. 오늘날은 에너지를 얻기 위해 화석연료를 태우지 않습니다. 지식을 얻기 위해 수학을 태웁니다. 수학을 이용하는 것이지요."

또한 치칠니스키에게 수학은 이제 막 진행되고 있는 중대한 변화를 이해하는 핵심 도구이기도 하다. "수학은 당면한 변화의 추진력일 뿐 아니라 그 변화를 이해하고 활용하는 우리의 능력에도 매우 중요한 영향을 미칩니다. 수학은 변화를 형식화하고 개념화함으로써 우리가 어디로 가고 있으며, 지금 무슨 일이, 왜 벌어지고 있는지 알려줍니다."

치칠니스키는 국가 경제의 성장을 시각적으로 표현하기 위해 위상기하학이라는 수학의 분야를 이용한다. 위상기하학은 도형의 가장 일반적인 속성, 즉 도형의 실제 모양이나 크기를 배제한 보편적인 속성을 연구한다. 예를 들면, '공(ball)'이 된다는 것은 위상기하학적인 속성이다. 공은 각양각색의 모양과 크기로 나타날 수 있지만 위상기하학자에게는 모든 공이 동일하기 때문이다.

위상기하학에는 정확한 치수라는 것이 존재하지 않는다. 다만 일반적인 모양의 속성이 있을 뿐이다. 예를 들면, '공의 모양'이거나 '반지의 모양'이거나 '과자의 모양'일 뿐이다. 그래서 위상기하학을 때로 '고무나라의 기하학'이라고도 한다. 완벽한 탄성물질로 만든 물건의 속성을 연구하는 것에 비견되기 때문이다. 위상기하학에서 골프공은 야구공과 '동일'하다. 미식축구공이건 축구공이건 마찬가지다. 그것들은 위상기하학에서는 아무런 차이도 없다. 커다란 비치볼도 마찬가지다. 그러나 어떤 공도 수영 튜브나 구명부환과는 같지 않다. 공을 반지 모양으로 변형시킬 수 없기 때문이다.

위상기하학이 치칠니스키의 작업에 이상적으로 들어맞는 것은 바로 그 정확한 측정의 부재 때문이다. 그녀가 설명한다. "우리는 경제학에서 거대한 구조를 다룹니다. 앞으로 일어날 어떤 단일한 사건을 예측한다는 것은 무척 어려운 일입니다. 그러나 굵직굵직한 양상들이라면 어느 정도 예측할 수 있습니다. 나는 시장이 돌아가는 원리를 이해하기 위해 내 작업에 특정 원뿔의 연구와 그 원뿔에 대한 위상기하학을 도입했습니다."

치칠니스키가 언급한 '원뿔'은 그녀가 경제 구조를 표현하기 위해 고안한 특별한 그래프이다. 그녀의 그래프는 보통 수백 내지 수천의 차원을 가지기 때문에 그것을 도형으로 그릴 수 없지만, 간단한 사례 하나를 들어 그녀의 그래프가 어떻게 기능하는지 이해할 수는 있다. 이 그래프는 단 세 개의 차원만을 가진다.

예를 들면, 치칠니스키는 원뿔을 이용해 제품 생산을 검토한다. 이 경우 세 가지 차원이 동원된다. 그래프의 한 축은 한 나라가 생산하는 물건의 양을 나타낸다. 0은 생산되는 물건이 없음을 뜻한다. 그 축이 길

> 오늘날 수학은 가장 흥미로운 응용의 핵심에 있습니다. 바로 수학이라는 도구를 이용해 (세계 경제에서) 가장 역동적인 성장을 이룩하고 있는 영역들이 서로 통합되고 있으며, 또한 스스로를 변화시키고 있는 것입니다.
>
> **그레시엘라 치칠니스키** | 경제학자 |

어질수록 제품 생산량은 점점 증가한다. 두 번째 축은 그 물건을 생산하는 데 필요한 천연자원의 양을 가리킨다. 0은 쓸 만한 자원이 없음을 뜻하며, 그 축이 길어질수록 자원의 활용은 점점 더 커진다. 세 번째 축은 그 물건을 생산하는 데 사용하는 지식을 가리키며, 그 축이 길어질수록 더 많은 지식이 활용된다.

한 나라의 경제 활동을 위와 같은 그래프로 표현하면 원뿔 모양이 나타난다. 이른바 '제품 생산의 원뿔'이다. 원뿔 모양은 그 나라 경제의 효율성에 대해 많은 것을 말해준다. 예를 들면, 지식 쪽이 두툼한 원뿔은 그 나라 경제가 지식을 매우 효율적으로 활용하고 있음을 말해준다. 자원과 지식 양쪽 다 얄팍한 원뿔은 두 가지 모두 비효율적으로 사용하고 있음을 말해준다.

그녀는 세계 여러 나라의 경제에서 취합한 데이터를 원뿔형 그래프로 표현함으로써 하나의 단순한 관계들을 관찰할 수 있다. 한정된 천연자원을 사용하더라도 더 많은 지식을 활용하면 그 나라의 경제 생산성은 향상될 것이다. 치칠니스키는 이런 관찰이 미래에 중대한 영향을 줄 것으로 생각한다.

치칠니스키는 이렇게 말한다. "우리가 무슨 일을 하든 지식이 늘 중요한 역할을 해왔습니다. 하지만 돈푼깨나 있는 사람들은 지식으로 먹고사는 사람들에게 늘 경멸감을 내비칩니다. 아마 이런 소리를 많이 들었을 겁니다. '그렇게 똑똑한데 왜 부자가 못 되었지?' 글쎄요, 이제 상황은 바뀌고 있어요. 가장 큰 부자는 가장 똑똑한 사람들이죠. 그리고 돈을 끌어모으는 힘이 바로 지식이라는 사실을

:: 이 '제품 생산의 원뿔'은 여섯 개의 상이한 경제 단위를 3차원상에서 도형화한 것이다. 수직적인 차원은 생산품의 양을 가리키고, 수평적인 차원은 지식의 양을 가리킨다. 그리고 세 번째 차원은(이 그림의 후면으로 물러나는 것으로 상상할 수 있는) 제품 생산에 필요한 천연자원의 양을 가리킨다. 최고로 지식 집약적이며 이미 새로운 지식 경제로 진입할 만반의 준비가 되어 있는 경제 단위는 초록색의 원뿔로 표현되어 있다.

이제는 제대로 깨달아가고 있습니다."

치칠니스키의 원뿔에서 매우 강조하고 있는 지식의 중요성은 개별적인 경제뿐만 아니라 세계 무역 전반에도 점점 더 커다란 영향을 미치고 있다. '시장의 원뿔(market cone)'이라는 또 다른 원뿔의 집합을 이용해 치칠니스키는 새로운 이론을 개발하고 있다. 이 이론을 접하고 나면 아마도 많은 사람이 마음의 불안을 느낄 것이다.

미국처럼 지식에 크게 의존하는 경제는 폭이 좁은 시장 원뿔을 갖게 될 것이다. 그런 경제에서는 잠재적 가치의 변동 폭이 작고 주식 시장도 큰 요동이 없다. 천연자원에 더 많이 의존하는 경제는 폭이 넓은 시장 원뿔을 갖게 될 것이다. 그것은 잠재적 가치의 변동 폭이 크다는 것을 의미한다. 멕시코가 전형적인 예다.

치칠니스키는 세계 여러 나라의 시장 원뿔을 가지고 세계 무역의 발전 방향을 내다본다. 예를 들면, 두 원뿔이 교차하는 부분은 가격이 맞아서 무역 거래가 발생할 수 있는 지점을 나타낸다. 서로 닿지 않는 원뿔은 무역이 이루어지지 않는 나라들이다.

치칠니스키의 연구 결과를 한데 모아보면 세계 경제가 상이한 두 그룹으로 나뉘고 있음이 매우 선명하게 드러난다. 지식 주도형 경제는 천연자원에 기반을 둔 경제를 제쳐두고 자기들끼리만 점점 더 활발히 무역을 하게 될 것이다. 치칠니스키는 오늘날의 수많은 무역 협정과 경제 블록의 형성이 이런 관계의 결과라고 믿는다.

자신의 시장 원뿔 도형에 대해 치칠니스키는 이

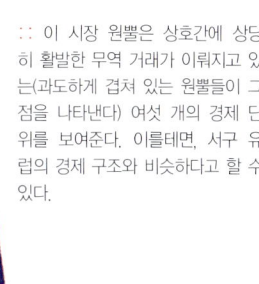

∷ 이 시장 원뿔은 상호간에 상당히 활발한 무역 거래가 이뤄지고 있는(과도하게 겹쳐 있는 원뿔들이 그점을 나타낸다) 여섯 개의 경제 단위를 보여준다. 이를테면, 서구 유럽의 경제 구조와 비슷하다고 할 수 있다.

> 과거 산업화 사회에서 화석연료가 맡았던 역할을 오늘날은 수학이 떠맡고 있습니다.
>
> 그레시엘라 치칠니스키 | 경제학자 |

렇게 말한다. "물론, 한 가지 걱정은 이것이 개발도상국에게 어떤 의미를 갖겠느냐는 겁니다. 혹시 앞으로의 세상이 개발도상국과 농경 사회는 저 뒤에 그대로 방치한 채, 우월한 기술과 고등 수학을 바탕으로 한 산업화 경제끼리만 더 생산적인 미래를 향해 달음질치는 세계가 되는 것은 아닐까요?"

치칠니스키는 미래를 예측할 수는 없다고 말한다. 한 사회의 미래는 그 사회를 구성하는 사람들의 손에 달려 있다. 흔히 수학은 유용한 가설로 이어지는 모델들을 제공할 수 있고, 적어도 물리학과 화학의 연구 대상인 생명 없는 세계에서는 보통 놀라울 정도로 정확한 예측을 제공한다. 그러나 사람과 사회라는 생명의 세계에서는 얘기가 다르다. 사람들이 미래를 바꿀 수 있기 때문이다. 치칠니스키의 원뿔은 미래에 일어날 법한 사태를 예측한다. 그 예측은 현재 벌어지고 있는 사실들 안에 이미 담겨 있다. 확실한 것은 오로지 시간만이 답해줄 수 있겠지만, 치칠니스키 같은 연구자들이 만들어낸 수학적 모델을 진지하게 고려함으로써 세상의 발전 방향을 바꾸거나 속도를 완화시키는 정도는 가능할 것이다.

치칠니스키는 이렇게 말한다. "어쨌든 우리는 일대 전환기를 겪고 있습니다. 커다란 변화를 헤쳐나가고 있는 겁니다. 그것은 조금 두려운 일입니다. 비록 무언가 변화하고 있다는 사실은 알고 있지만, 그로 인해 우리가 어디로 가게 될지는 모르기 때문입니다. 우리가 어디로 가고 있는지는 아무도 모릅니다. 게다가 그곳은 우리가 한번도 가본 적이 없는 곳이죠."

사람들은 보이지 않는 것을 보기 위해 수학을 이용한다. 우주의 기원과 우주의 가장 먼 곳에서부터 바다의 밑바닥에 이르기까지, 우연적 사건의 패턴에서부터 인간 정신의 내면 작용에 이르기까지, 모두가 수학이 없었다면 이해할 수 없는 세계다. 치칠니스키는 수학을 통해 미래를 본다. 그녀의 간단한 원뿔 도형들은 시각적으로 매력적일 뿐 아니라 실제로도 무척 중요하다.

    치칠니스키가 말한다. "많은 사람들은 수학이 지루하고 복잡하다고 생각합니다. 그러나 사실 이런 원뿔 도형은 수학이 아름답고 단순할 수 있다는 사실을 보여줍니다. 우리가 이해하고 싶어하는 가장 흥미로운 현상도 기하학적 직관으로 어느 정도는 포착할 수 있습니다. 이 아름다운 그림들을 단순히 관찰함으로써 말입니다."

Life by the NUMBERS

08

수학의 시대가 오다

고대 그리스의 철학자 플라톤은 수학이 지식의 최고 형태이며, 다른 모든 지식을 얻는 열쇠라고 생각했다. 플라톤이 세운 아카데메이아 학원에 들어가려면 수학을 알아야 했다. 그리스인에게 수학적 지식은 학식 있는 교양인으로 대접받기 위한 조건이었다.

오늘날의 기술 문명 세계는 고대 그리스에서 시작한 지적·문화적 전통의 직계 후손이다. 오늘날의 세상은 플라톤의 시대보다 수학이 훨씬 더 커다란 역할을 수행하고 있다. 실제로, 현대 세계의 많은 부분이 수학의 산물이다. 그런데도 오늘날은 수학적 지식이 그다지 중시되지 않는다. 수학에 어지간히 무지해도 여전히 배운 사람 대접을 받기도 한다.

수학에 대한 사람들의 태도 변화에 대해 수많은 설명이 제기되었다. 물론 여기서 그것을 토론할 때는 아니지만 말이다. 그러나 의미심장한 사실 한 가지는 분명하다. 즉, 세월이 흐르는 동안 수학이 점차 복잡해지면서 사람들은 숫자, 공식, 방정식, 그리고 법칙에만 점점 더 주의를 기울이고, 그것들이 실제로 무엇에 관한 것이며 왜 발전해왔는지에 대해서는 까맣게 잊어버렸다는 것이다. 사람들은 수학이 단지 케케묵은 규칙에 따라 기호를 조작하는 것이 아니라 실제 세상의 패턴을 이해하는 학문이라는 사실을 잊어버렸다. 자연의 패턴, 생명의 패턴, 아름다움의 패턴을 말이다.

한 가지만 예를 들자면, 앞에 나온 그레시엘라 치칠니스키를 생각해 보라. 그녀는 세계 경제를 이해하는 데 수학을 이용한다. '아름다운', '상상력이 풍부한', '창조적인', '단순한', '중요한', '적절한' 등 이 모든 수식어가 그녀의 작업에 적용된다. 그렇지만 대부분의 사람들은 그런 단어를 수학과 결부시키지 않는다. 사람들은 수학이 세상을 훨씬 복잡하게 만들었다고 생각한다. 하지만 그것은 수학이 한 일이 아니다.

기호와 공식 너머에 있는 무언가에 도달했을 때, 사람들은 비로소 수학이 실제로는 세상을 훨씬 더 간단하게 만든다는 사실을 발견한다. 수학자들은 세상에 덧씌워진 복잡성의 옷을 벗겨내고 가능한 한 가장 단순한 방법으로 그 세상을 바라본다. 그렇기 때문에 기호, 숫자, 대수, 그리고 그래프를 사용하는 것이 그 단순성을 포착할 수 있는 유일한 방법이 된 것뿐이다.

그 단순성은 수학에게 믿을 수 없는 힘을 부여한다. 즉 우리의 이해를 돕는 힘, 우리가 잘 살 수 있게 돕는 힘, 그리고 만일 방심하면 큰 해를 끼칠 수도 있는 힘 말이다.

우리는 수학의 힘과 단순성을 이용해 많은 일을 할 수 있다. 영화 스크린이나 컴퓨터 속에 상상의 세계를 창조할 수 있다. 또 4차원 이상의 세계를 조사할 수 있고, 공룡이 몸을 어떻게 움직였을지 알아내기 위해 시간을 거슬러 올라갈 수도 있다. 우리는 표범의 얼룩무늬가 어떻게 생겨났는지 설명할 수 있으며, 어떻게 바이러스가 인체를 공격하는지 탐구할 수 있고, 운동선수의 능력을 개선하는 방법을 찾을 수도 있다. 우리는 지도를 그려 길을 찾는 데 도움을 얻을 수 있으며, 우리 대신 복잡한 식을 계산해줄 기계를 설계하고 만들 수 있다. 그리고 아마 그 기계는 언젠가는 '생각'할 수 있게 될 것이다. 수학은 이 모든 일을 도와줄 뿐 아니라 보이지 않는 것을 볼 수 있는 방법을 제공함으로써 우리에게 그 이상의 것을 가져다준다.

17세기에 발견한 뉴턴의 방정식은 태양 주위로 지구를 돌게 하고, 사과를 땅으로 떨어뜨리는 보이지 않는 힘을 '보게' 해주었다. 18세기 초에 수학자 다니엘 베르누이가 발견한 방정식은 비행기를 공중에 뜨게 만드는 보이지 않는 힘을 '보게' 해주었다. 우주선이 지구의 사진을 찍어오기 2,000년 전 그리스의 수학자 에라토스테네스는 수학을 이용해 지구가 둥글다는 사실을 보여주었다. 그리고 지구의 지름을 99퍼센트의 정확도로 계산해냈다.

우리는 수학과 강력한 망원경을 이용해 까마득한 우주 저 바깥을

'볼' 수 있다. 그리고 언젠가는 우주의 모양을 발견하게 될 것이다. 우리는 수학을 이용해 빅뱅의 순간에 우주가 어떻게 처음 창조되었는지 되돌아볼 수 있다. 확률론은 우리에게 미래를 들여다볼 수 있게 해준다. 때로는 놀랄 정도의 정확성으로 선거의 결과를 예측하기도 한다. 보험회사는 통계학과 확률론을 이용해 다가올 해에 사고 발생 가능성을 예측한다. 그리고 그에 따라 보험료를 산정한다. 우리는 미적분을 이용해 내일의 날씨를 예측할 수도 있다.

목록은 계속된다. 가끔 특별한 수학의 응용 사례에 놀랄 때도 있지만, 그 일이 수학을 능히 활용할 수 있으리라 기대한 영역에서 벌어진 것이라면 결국엔 기꺼이 수긍하게 된다. 물리학을 비롯해 그 밖의 과학에서 발견되는 수많은 수학의 응용 사례가 다 그런 경우이다. 그러나 간혹 정말로 놀랄 때가 있다. 그것은 우리가 아주 정밀한 것도 아니고 전혀 '수학적'이라고도 생각하지 못한 영역에서 수학이 활용되는 경우를 마주쳤을 때다. 예를 들면, 꽃의 복잡하고 아름다운 모양을 창조한 눈에 보이지 않는 자연의 힘을 '보는 데' 수학을 이용한다는 사실을 발견하는 경우이다. 또는 아리스토텔레스가 수학을 이용해 우리가 음악으로 인식하는 소리의 보이지 않는 패턴이나 극적인 연기의 보이지 않는 구조를 '보고자' 노력했다는 사실을 알게 되었을 때도 그렇다.

1950년대 노암 촘스키(Noam Chomsky)는 수학을 이용해 우리가 문법에 맞는 문장으로 인식하는 단어들의 눈에 보이지 않는 추상적 배열 패턴을 '보고' 기술함으로써 모든 사람을 깜짝 놀라게 했다. 페르마와 함께 확률론을 고안했던 파스칼은 심지어 확률론을 이용해 사람들이 경건한 삶을 살아야 하는 이유를 증명하기도 했다. 그는 신이 존재할 확률이 얼마나 낮든 그 확률에다가 천국에서의 영원성이라는 무한한 보상을 곱한다면, 신이 존재하지 않을 때 얻는 한정된 기대치를 훨씬 압도하는 무한한 '기대치'가 된다고 주장했다.

우리가 어떻게 삶을 살아야 할지 결정할 때 파스칼의 충고를 받아들이든 그렇지 않든, 오늘날 우리는 수학적인 우주 안에서 수학적인 삶을 살고 있다. 우리가 살고 있는 집과 주위에서 흔히 마주치는 자동차는 둘 다 수학을 이용해 고안했다. 하늘을 나는 비행기 역시 마찬가지다. 그리고 그 비행기는 수학을 이용해 날고 항로를 찾는다. 병원은 수학을 이용해 설계한 장비들로 가득 차 있다. 그리고 약은 수학을 이용해 검증한다. 수학은 전화 시스템의 배후에 놓여 있으며, 텔레비전과 라디오, 그리고 시디플레이어의 한 구석에도 숨어 있다. 수학은 사람들이 가게에서 어떤 물건을 살지 판단하는 데도 사용되며, 어떤 텔레비전 프로그램을 볼지 결정하는 데도 사용된다. 또 다른 수학의 산물인 컴퓨터는 어디에나 존재하며 우리 삶의 많은 부분에 커다란 영향을 미친다. 영화는 흔히 수학적 기법을 이용해 제작된다. 수학은 스포츠와 여가 활동에서도 점차 커다란 역할을 수행하고 있다. 우리는 상상력이 만들어낸 참신한 아이디어와 통찰을 수학을 통해 받아들일 수 있고, 그것을 다른 사람과 공유할 수 있다. 목록은 끝이 없다. 그리고 그 교훈은 분명하다. 오늘날의 세계는 크게 보아 수학의 세계다.

수학은 인간 정신의 산물 혹은 발견물이다. 수학은 믿을 수 없을 만큼 단순하고 아름다운 질서의 세계를 우리에게 보여줄 수 있다. 수학은 우리가 살고 있는 이 우주의 배후에 놓여 있다. 수학은 인류의 가장 위대한 창조물 중 하나이다. 수학만이 유일하게 위대하다고 말할 수는 없더라도 말이다.

더 참고할 만한 책

수학에 대해 더 많은 것을 알고 싶다면, 다음의 책들을 읽어보기 바란다. 이 책들은 모두 일반인을 위한 것으로 쉬운 책부터 어려운 순서로 나열해놓았다.

- Peterson, Ivars. *The Mathematical Tourist: Snapshots of Modern Mathematics*. W. H. Freeman, 1988.

- _____, *Islands of Truth: A Mathematical Mystery Cruise*. W. H. Freeman, 1988.

- Bernstein, Peter L. *Against the Gods: The Remarkable Story of Risk*. Wiley, 1996.

- Stein, Sherman. *Strength in Numbers: Discovering the Joy and Power of Mathematics in Everyday Life*. Wiley, 1996.

- King, Jerry P. *The Art of Mathematics*. Plenum, 1992.

- Stewart, Ian. *Nature's Numbers: The Unreal Reality of Mathematics*. Basic Books, 1996.

- Schattschneider, Doris. *M. C. Escher: Visions of Symmetry*. W. H. Freeman, 1990.

- Devlin, Keith. *Mathematics: The Science of Patterns*. W. H. Freeman, Scientific American Library series, 1994, 1996.

- Dunham, William. *Journey Through Genius: The Great Theorems of Mathematics*. Penguin, 1991.

- Devlin, Keith. *Mathematics: The New Golden Age*. Penguin, 1991.
- Dunham, William. *The Mathematical Universe: An Alphabetical Journey through the Great Proofs, Problems, and Personalities*. Wiley, 1994.
- Stewart, Ian. *The Problems of Mathematics*. Oxford University Press, 1992.

다음에 대해 좀더 알고 싶으면, 아래의 웹사이트를 방문해보도록 하자.

- 코흐의 눈송이와 프랙탈: Mary Ann Connors's Web site, Exploring Fractals, at http://www.math.umass.edu/~mconnors/fractal/fractal.html
- 수학의 매듭: Rob Scharein's KnotPlot Site, at http://www.cs.ubc.ca/nest/imager/contributions/scharein/KnotPlot.html
- 지도 제작술: The U.S. Geological Survey's site about mapping at http://mapping.usgs.gov

옮긴이의 말

우주 설계도로서의 수(數), 수학(數學)

이 세상은 '무엇으로' 이루어졌을까? 오늘날은 이런 막연한 질문이 그다지 사람들의 호기심을 자극하지 못하는 듯하다. 하지만 지금으로부터 약 2,600여 년 전 고대 그리스에는 이 문제를 진지하게 사색하고 나름대로 답을 찾아봄으로써 서양 철학사에서 최초의 철학자로 불린 사람들이 있었다. 이를테면, 밀레투스 사람인 탈레스는 그 답을 물이라고 했고, 아낙시메네스는 공기라고 했다. 또 아낙시만드로스라는 사람은 무한한 크기의 거대한 덩어리라고 답했고, 그들 외에 엠페도클레스나 데모크리토스처럼 몇 가지 기본적인 원소 혹은 무한한 숫자의 작은 원소 알갱이들로 이루어졌다고 답한 사람도 있었다. 그런데 서양 철학의 태동기를 들여다보면 지금 얘기한 것들과는 사뭇 다른 한 가지 매우 특이한 답변을 발견하게 된다. 우리에게 '피타고라스의 정리'로 잘 알려져 있는 사모스 섬 출신의 피타고라스는 놀랍게도 세상의 근원을 수(數, number)에서 찾았던 것이다.

만물의 근원이 수에 있다는 피타고라스의 얘기를 쉽게 이해하려면 애초의 질문, 즉 '세상은 무엇으로 이루어졌을까'라는 질문이 정확히 무엇을 묻고 있는지 다시 한번 생각해보아야 한다. 이를테면, 석가탑은 '무엇으로' 만들었을까? 물론 돌이라고 대답할 수 있을 것이다. 그러나 한번 더 생각해보면 대체 돌만 있으면 어떻게 석가탑이 만들어진단 말인가? 돌덩어리를 세워놓는다고 해서 탑이 된단 말인가? 그런 우아한 조형미를 드러낸 걸작이라면 마땅히 제작자가 미리 염두에 둔 설계도면이 있었을 것이고(그의 머릿속에든 실제 종이 위에든), 탑의 주재료인 돌덩어리에다가 설계도에 나와 있는 그대로 모양을 덧씌움으로써 비로소 아름다운 탑이 모습을 드러냈을 것이다. 따라서 세상이 '무엇으로' 이루어졌느냐는 물음에 단지 그 재료만을 언급하는 것은 온당치 못하다. 세상을 만든 설계도가 무엇인지 알고자 하는 것 역시 그 질문의 의도 중 하나로 받아들일 수 있기 때문이다.

그렇다면 피타고라스가 세상 만물의 근원을 수라고 했던 이유는 분명하다. 그는 수적인 조화가 세상 만물이 지금 이대로의 모습을 갖게 된 근본적인 원리라고 생각한 것이다. 피타고라스는 음악과 수학의 관계에서 그러한 전형적인 모습을 발견했는데, 우리가 편안한 마음으로 듣게 되는 협화음의 조화가 모두 정확하게 수적인 비례 관계로 설명할 수 있다는 사실을 깨달은 것이다. 이 한 가지 전형적인 사례가 보여주는 바와 같이 피타고라스에게 수란 우주 전체, 세상 만물의 설계도였다.

그런데 우리가 그 근본적인 원리를 쉽게 떠올리지 못하고, 그런 의미에서 수학이 우리 주변에 존재하는 모든 것들의 근본 원리를 다루는 학문이라고 선뜻 생각하지 못하는 이유는 무엇일까? 피타고라스와 똑같은 생각을 하고 있는 이 책의 저자 키스 데블린은 그 이유가 바로 수학이 우리 눈에 잘 띄지 않기 때문이라고 설명한다. 그것은 석가탑이 무엇으로 만들어졌는지 물었을 때 흔히 돌이라고 대답하는 이유와 비슷하다. 어쨌거나 눈에 보이는 것은 우리 앞에 서 있는 돌로 된 탑일 뿐이며, 그 설계도는 우리 눈에 보이지 않는 것 아닌가! 그러나 데블린은 눈에 보이지 않는다는 바로 그 특징이 오히려 수학이 세상의 근본 원리를 다루는 학문이 될 수 있다는 사실을 이 책을 통해 잘 보여준다. 특히 우리가 미처 깨닫지 못한 주변의 일상적인 소재들 속에서 그 점을 끄집어내 우리 앞에 실감나게 전해준다는 점이 더욱 흥미롭다. 우리가 전혀 생각지도 못한 영역에서 수와 수학이 어떻게 근본 원리로서 작용하고 있는지 이해하게 된다면, 우리 눈에 보이지 않는 수의 세계가 곧 우리 눈앞에 펼쳐진 이 세계의 설계도라는 피타고라스의 생각이 결코 지나친 과장이 아님을 수긍하게 될 것이다.

데블린은 흥미로운 여러 분야에서 놀라운 수학의 힘을 드러내 우리에게 보여줌으로써, 그 동안 수학을 고리타분하고, 무엇보다도 난해하기 짝이 없는 도저히 접근할 수 없는 영역으로 생각했던 많은 사람들에게 수학에 대한 새로운 인식과 희망(?)을 심어주고자 한다. 그러나 두꺼운 책 속에 빽빽하게 채워진 숫자와 공식들만이 수학의 전부가 아니듯, 마찬가지로 이 책에 나와 있는 내용들만으로 수학에 대한 모든 얘기가 끝나는 것도 당연히 아닐 것이다. 다만 저자는 이 책이 좀더 많은 사람들에게 수와 수학에 대한 관심과 호기심을 불러일으키는 계기가 되기를 바라지 않았을까. 이 책을 옮기면서 나 역시 바로 그런 사람 중 한 사람이 되었음을 고백한다.

2003년 10월
석기용